CHIFFON CAKE

不回縮、不塌陷、完美脫模

戚風蛋糕與蛋糕捲的變化食譜

〖決定版〗

CHIFFON ROLL

前言

我作為甜點研究家的起點，就是一本戚風蛋糕的書籍。
當時，美國的戚風蛋糕使用的蛋白量比蛋黃更多，
輕盈、鬆軟的口感是當時的食譜主流。
經過十幾年後，「每次都有多餘的蛋黃，好浪費」這樣的心聲，
讓我興起使用相同份量的蛋黃和蛋白製作戚風蛋糕的挑戰念頭。
經過反覆試作，終於用比想像更加鬆軟＆濕潤的麵糊，
烘烤出濃郁且美味的戚風蛋糕。
另外，只要用烤盤烘烤水分較多的戚風蛋糕麵糊，
捲上鮮奶油，就成了濕潤且美味的戚風蛋糕捲。

這次的修訂版增加了 4 種戚風蛋糕、4 種戚風蛋糕捲，
同時還增加了生日或節慶、招待賓客等，
十分受歡迎的裝飾創意。
如同以往，基本的製作方法同樣也會逐一詳述步驟和訣竅，
利用較多篇幅說明，是為了讓大家可以照順序烘烤出完美成品。

回顧自己為戚風蛋糕深深著迷的日子，
我發現即便是長年烘烤的麵糊，
還是可以很細膩，充滿許多不同的美味變化，
讓我深刻感受到戚風蛋糕的細膩與深奧。
請務必和家人一起享受鬆軟＆濕潤的典雅美味。

石橋香

CONTENTS

CHAPTER 1

基本的戚風蛋糕

CHIFFON CAKE

CHAPTER 2

簡單變化的戚風蛋糕

SIMPLE CHIFFON

CHAPTER 3

日式戚風蛋糕

JAPANESE CHIFFON

CHAPTER 4

綜合香料 戚風蛋糕

MIX FLAVOR

CHAPTER 5

戚風蛋糕捲

CHIFFON ROLL

＊1 大匙是 15 mℓ、1 小匙是 5 mℓ、1 杯是 200 mℓ。
＊微波爐的加熱時間以 600W 的情況為標準（若是 500W，請把時間設為 1.2 倍）。
＊烤箱的加熱溫度和時間為參考值。請依照您手邊的烤箱進行調整。

本書是修改 2014 年出版的《把蛋黃、蛋白用完！戚風蛋糕＆戚風蛋糕捲》的部分內容，並增加 11 種食譜與 8 頁篇幅後，再重新編排而成的修訂增補版。

關於道具

只要有一般製作甜點的道具，就能夠製作戚風蛋糕。
蛋白霜一旦混入水或油，就不容易打發，
所以調理盆等道具要清洗乾淨，擦乾後再使用。

量杯、量匙

1 杯＝ 200 ㎖、1 大匙＝ 15 ㎖、1 小匙＝ 5 ㎖。量杯建議採用可以放進微波爐加熱的耐熱玻璃製。熱水匙需要少量測量的款式。粉末類要以平匙方式（撈起後，用其他熱水匙的柄抹平）測量。

電子秤

製作甜點的時候，精準測量材料是非常重要的事情，因此，推薦採用可正確測量 1g 單位的電子秤。必須在平穩的場所使用。

調理盆

26 ㎝（照片右）、22 ㎝左右的尺寸比較容易使用。建議採用堅固的不鏽鋼製。如果也有可以放進微波爐加熱的耐熱玻璃製，就會更加便利。本書打發蛋白霜的時候，使用深型（照片左）。

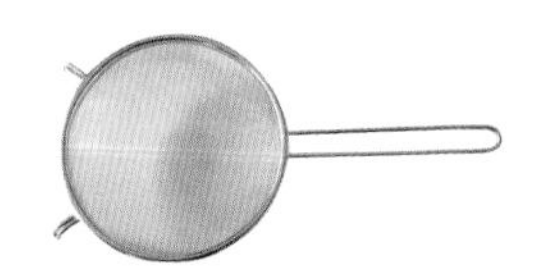

篩網

過篩粉末、過篩麵糊時使用的篩網。又稱為過濾器、多用途濾網。

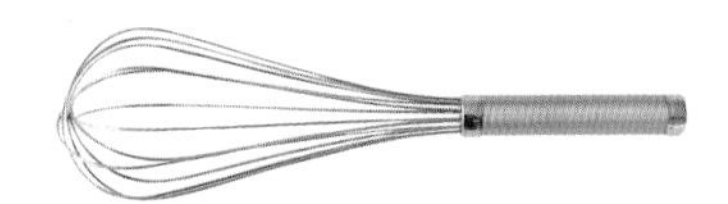

打蛋器

使用長度約為調理盆直徑 1.2 ～ 1.5 倍的種類。鋼條堅硬的種類比較容易使用。

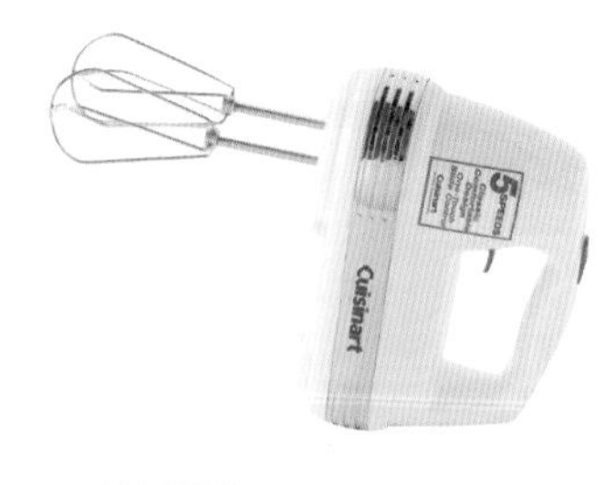

手持攪拌器

製作經常需要打發的戚風蛋糕時，絕對必備。速度調節有 3 檔以上的款式比較好。攪拌器較小的款式，力量比較弱，所以打發比較費時。

橡膠刮刀

混拌麵糊、把麵糊從調理盆內刮出來，用途有各式各樣。耐熱的矽膠款式比較容易使用。

抹刀

將戚風蛋糕脫模的時候，必備。刀刃長度 18 ㎝左右的款式比較容易使用。市面上也有細長烙鐵狀的戚風蛋糕專用抹刀。

烤箱

使用一般的電烤箱或微波烤箱。若出現烘烤不均，只要在烘烤中途，把模型轉半圈就可以了。

關於戚風蛋糕模型

＊戚風蛋糕使用專用的模型。模型分成兩個部件，帶有圓柱的底部可以拆卸。圓柱的作用是為了讓容易沉澱的鬆軟麵糊，可以確實從中央加熱。

＊本書刊載的食譜有 17 ㎝模型和 20 ㎝模型 2 種尺寸（各食譜的照片都是用左邊 17 ㎝模型所製成）。雖然直徑只有 3 ㎝的差異，不過容量卻相差 2 倍之多。另外，圓柱更高，所以麵糊就會更加膨脹，因此，選購時也要先確認一下烤箱內部的空間。

＊市面上也有鐵氟龍塗層的模型，不過，如果麵糊沒有緊密貼附模型，就無法膨脹，所以請務必使用鋁製或不鏽鋼製的模型。

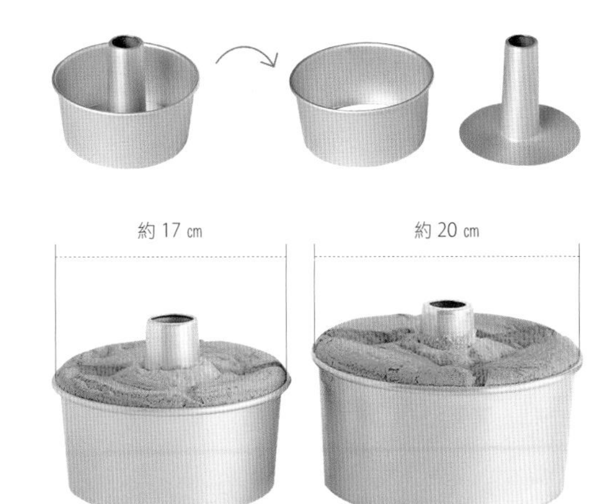

關於材料

基本的材料是以下六種。使用新鮮且優質的材料吧！

雞蛋（L 尺寸）

戚風蛋糕的基本材料。為避免麵糊滴垂，使用前務必放在冰箱冷藏內冷藏備用。只將蛋白打發的材料稱為「蛋白霜」，可以讓麵糊變得鬆軟、輕盈。本書一律使用 L 尺寸（64 ～ 70g）的雞蛋。

低筋麵粉

一般製作甜點常用的麵粉，麩質（產生黏性的成分）的含量較少。風味容易流失，所以剩餘部分要密封，然後盡早使用完畢。麵粉吸收濕氣後，容易結塊，所以一定要過篩後再使用。

砂糖（上砂糖）

比精白砂糖更容易融於麵糊，所以本書的戚風蛋糕製作，基本上都使用上白糖（白砂糖）。希望增添風味的時候，也可以改用蔗糖或三温糖。

沙拉油

為製作出戚風蛋糕獨特的柔滑口感，所必備的材料。也可以採用菜籽油或米油等油品。因為容易氧化，所以要特別注意新鮮度。

水

添加在麵糊內，烘烤出濕潤口感。除了基本的戚風蛋糕之外，有時也會利用牛乳或水果泥等液體增添風味。

香草油

帶有獨特香甜氣味的香料，同時也具有消除雞蛋腥味的效果。烤菓子最適合採用耐熱的香草油，不過，也可以用香草香精代替。

CHAPTER 1

基本的戚風蛋糕

嘗試烘烤最簡單的香草戚風蛋糕吧！
然後，也請試著享受其他不同的口味變化。

CHIFFON CAKE

原味戚風蛋糕

確實品嚐戚風蛋糕的風味。最基本的食譜。
分別將蛋黃和蛋白霜確實打發，烘烤出鬆軟口感吧！

基本的戚風蛋糕做法

開始製作之前，先把製作的流程謹記在心吧！
為避免中途停下動作，預先測量材料重量，也是非常重要的事情。

● **材料與烘烤時間**（各 1 個）

材料	17 ㎝模型	20 ㎝模型
蛋黃麵糊		
蛋黃（L）	3 顆	6 顆
砂糖	20 g	40 g
沙拉油	30 mℓ	60 mℓ
水	40 mℓ	80 mℓ
香草油	2 ～ 3 滴	3 ～ 4 滴
低筋麵粉	75 g	150 g
蛋白霜		
蛋白（L）	3 顆	6 顆
砂糖	50 g	100 g
烘烤時間（160 度）	35 分鐘	45 分鐘

＊雞蛋在使用之前要預先冷藏備用。

● **製作流程**

1 製作蛋黃麵糊
↓
2 製作蛋白霜
↓
3 把 1 和 2 材料合併
↓
4 入模烘烤
↓
5 脫模

HOW TO MAKE

基本的製作方法（照片為 17 ㎝模型）

製作戚風蛋糕有幾個重要的重點。
新手當然不用說，一直烤不出理想戚風蛋糕的人也大有人在。
請一邊參考步驟照片，一邊試著製作。
應該就可以製作出令人感動，充滿鬆軟＆濕潤的戚風蛋糕。

[準備] 烤箱預熱至 160 度。

1 製作蛋黃麵糊

在製作蛋黃麵糊的階段中，將材料確實混合是最重要的事。
如果使用手持攪拌器，就能加速作業。

蛋黃

1 預先冷藏的雞蛋，把蛋黃和蛋白分開，分別放進不同的調理盆。

＊在不弄破蛋黃的情況下，讓蛋黃在左右蛋殼之間滑動，讓蛋白流進調理盆。

＊蛋黃如果混進蛋白裡面，打發狀態會變差，所以要用熱水匙撈除。

＋砂糖

2 用打蛋器打散蛋黃，加入砂糖，充分搓磨攪拌。

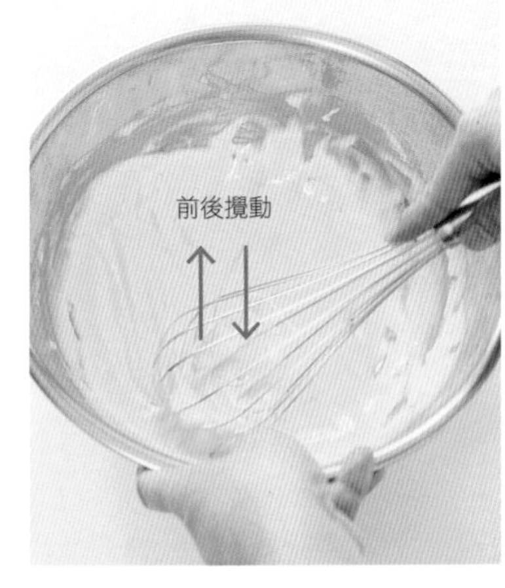

3 持續打發，直到整體稍微泛白，呈現濃稠的美乃滋狀。

＊若用手持攪拌器，就先在較小的深型調理盆裡面打發，然後再移到較大的調理盆。

+沙拉油

4 加入沙拉油，攪拌至呈現柔滑狀。

＊要充分拌勻，以免油水分離。如果還不熟悉步驟，可以分次添加。

+水

5 加水，粗略攪拌。

＊如果過度攪拌，氣泡會消失，就會形成大氣泡，所以要輕輕攪拌。

+香草油

6 添加香草油，粗略攪拌。

+低筋麵粉

7 用篩網把低筋麵粉篩進調理盆。

＊如果沒有過篩，有時會有結塊混入，所以一定要過篩。

8 用打蛋器畫圈攪拌，直到均勻。

9 蛋黃麵糊完成。

＊麵糊撈起，呈現緩慢滴垂且不會中途斷裂的硬度就可以了。

2 製作蛋白霜

製作確實打發的蛋白霜。
這個氣泡就是戚風蛋糕鬆軟、膨脹的關鍵。

蛋白＋砂糖

1 用高速的手持攪拌器，打發另一個調理盆裡面的蛋白，整體呈現蓬鬆之後，加入砂糖。

＊水分容易堆積在外側部位，所以打發的時候，攪拌器要一邊大幅轉動。

2 用高速進一步打發，製作出更堅挺的蛋白霜。

＊以 17 ㎝模型的份量來說，扭力較大的手持攪拌器約 3 ～ 4 分鐘，若是扭力較小的機種則大約是 5 ～ 6 分鐘。

3 只要產生光澤，撈起後，出現堅挺的勾角，蛋白霜就完成了。最後用低速打發 10 ～ 20 秒，調整質地。

3 把 1 和 2 材料合併

一開始先把蛋白霜撈進盆裡，稀釋蛋黃麵糊。
快速攪拌，避免擠壓到蛋白霜的氣泡。

蛋黃麵糊＋蛋白霜

1 把蛋白霜撈進 11 頁步驟 9 的蛋黃麵糊裡面。

2 用打蛋器畫圈攪拌。

＊蛋白霜是稀釋蛋黃麵糊用的材料，所以就算稍微擠壓到氣泡也沒關係。

3 趁還看得到白色部分的時候，把剩下的蛋白霜分 2 次加入，每次加入都要粗略攪拌，然後再加入下一次。

＊用打蛋器撈起麵糊，轉動手腕，讓麵糊輕輕落下。

4 入模烘烤

只要在中途，在表面切出刀痕，
整體就能平均膨脹。

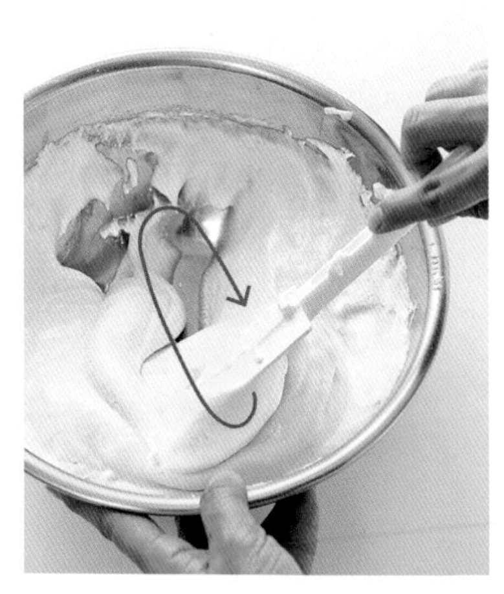

4 最後，改用橡膠刮刀，把麵糊從調理盆的側面或底部撈起，轉動手腕，以這樣的方式持續攪拌均勻。

1 把麵糊倒進裝好底部的模型裡面。倒入一半份量後，先暫時停止，將模型旋轉半圈，再將麵糊倒進相反端。

＊模型上面絕對不要抹油，或是鋪烘焙紙。否則麵糊會在烘烤中途脫模、收縮塌陷。

2 拿 1 支筷子插進底部，沿著圓柱轉圈 5 ～ 6 次，排出空氣。如果圓柱上面沾有麵糊，麵糊容易焦黑，所以要進一步擦拭乾淨。

3 把模型放在烤盤上，用 160 度的烤箱烘烤。表面產生緊繃的薄膜後（17 ㎝模型約 7 ～ 8 分鐘，20 ㎝模型約 10 ～ 12 分鐘），用抹刀在表面切出十字刀痕。放回烤箱，烤至指定時間。

＊感覺快燒焦的話，就把溫度調降 20 度。

4 烤好之後，馬上從烤箱內取出。只要蛋糕確實膨脹至模型邊緣，就算成功。

＊模型很燙，要小心避免燙傷。

5 把整個模型倒扣，將圓柱部分放在有高度的容器上面。就這麼放置 2 小時以上，直到熱度完全消退。

＊因為麵糊的粉末量比雞蛋少，如果不倒扣，雞蛋的氣泡就會撐不住而塌陷。

5 脫模

為避免弄傷緊繃的麵糊，要小心地用抹刀進行脫模。
訣竅就是把抹刀壓進模型裡面。

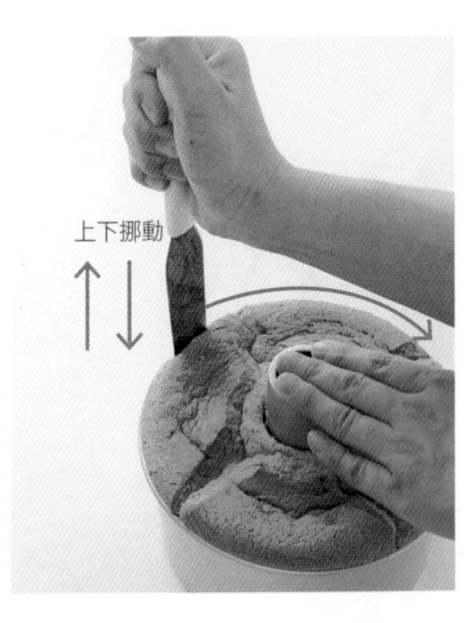

1 完全冷卻後，把抹刀插進模型和蛋糕體之間，一邊上下挪動，一邊繞行一周，讓側面的蛋糕體剝離。

*在蛋糕體和模型之間製造出空隙，讓抹刀向外彎曲，並用力靠向模型，以刀刃持續碰觸模型側面的狀態進行脫模。

2 中央的圓柱部分用竹籤（或是細長的抹刀）進行脫模。

3 翻面倒扣在砧板上面，慢慢把外側的模型往上拿開，脫模。

4 把抹刀插進底部和蛋糕體之間。碰到圓柱後，在固定抹刀的狀態下，用另一隻手確實抓住圓柱和底部邊緣旋轉。

*不讓抹刀旋轉，讓模型旋轉，就是完美脫模的重點。

5 完成。

切割的時候

為避免擠壓到蛋糕體，使用麵包刀或蛋糕刀切割。

*只要整體的氣泡平均膨脹，就成功了。

戚風蛋糕 Q&A

Q.1 請問保存期限及保存方法？

A. 保存的時候，就用保鮮膜包起來。冷藏保存約 2 ～ 3 天，冷凍保存大約是 2 星期左右。吃的時候，採用自然解凍。

連同模型一起保存

完全冷卻後，用廚房紙巾覆蓋中央的刀痕部分，再用保鮮膜確實包覆。

整個保存

用廚房紙巾覆蓋中央的孔，把接觸折疊好的廚房紙巾鋪墊在上下，然後用保鮮膜包起來。

切割後保存

用保鮮膜包覆切塊，再放進保存袋或塑膠袋。

Q.2 為什麼蛋糕體有空洞？

A. 因為沒有排出倒入麵糊時所產生的空氣，或是蛋白霜有結塊殘留。相反的，如果用筷子攪拌太多，也會產生較大的氣泡，就會產生空洞。

Q.3 為什麼會從模型上剝離？

A. 原因可能是因為「在模型上面抹了油」、「使用了鐵氟龍塗層的模型」等。另外，新品的鋁模型表面同樣也十分光滑，所以建議先用科技海綿（Melamine Foam）和清潔劑搓洗乾淨後再使用。

沾黏在模型上面的麵糊就用鋼絲球刷或牙刷搓洗，然後再用廚房清潔劑和科技海綿確實清洗乾淨。

Q.4 為什麼無法完美脫模？

A. 最大原因是，挪動抹刀的方式太過粗暴。如果抹刀沒有確實推向模型，就會把蛋糕體的表面刮花。另外，蛋糕體還有溫度的時候，比較容易散碎，只要冷卻後，再放進冷藏使蛋糕體更加緊密，就比較容易完美脫模。

Q.5 為什麼膨脹狀態不漂亮？

A. 可能原因有兩個。第一個原因是蛋白霜打發不足，第二個原因是烤箱的火力太強，導致表面提早變硬。如果在表面切出刀痕的時機點，表面已經有些微烤色的話，請把溫度調降 20 度，再進行烘烤。

發泡鮮奶油和覆盆子的裝飾

鬆軟的戚風蛋糕出爐後，試著做出完美裝飾吧！
不管是經典的草莓，或是香瓜、櫻桃等當季水果，全都可以。
生日或聖誕節等特別的日子，就來點特別的吧！

● 材料

材料	17 ㎝模型	20 ㎝模型
基本的戚風蛋糕	1 個	1 個
鮮奶油（乳脂肪 45%以上）	400 ㎖	500 ㎖
砂糖	60 g	75 g
覆盆子	6 ～ 8 個	10 ～ 12 個

[準備]

1 烘烤基本的戚風蛋糕（參考 9 ～ 14 頁）備用。

2 把圓形花嘴（直徑 1.2 ～ 1.5 ㎝）放進擠花袋裡面，扭轉擠花袋，將擠花袋往花嘴裡面塞（A）。剪開擠花袋的開口，放進量杯等容器裡面備用。

● 製作方法

1 製作發泡鮮奶油

1 把鮮奶油和砂糖放進調理盆，底部接觸冰水，打發至七分發（參考 B、79 頁）。把 1/4 份量的鮮奶油分裝在另一個調理盆，剩餘的鮮奶油用保鮮膜蓋起來，放進冰箱冷藏備用。

2 裝飾

2 進行打底。把戚風蛋糕放在蛋糕轉台上面，將前面分裝的鮮奶油倒在上面，一邊轉動蛋糕轉台，一邊用抹刀依序薄塗上面（C）、側面（D）、中央孔洞的內側，放進冰箱冷藏靜置 30 分鐘。

＊抹刀固定平貼，轉動蛋糕轉台，塗抹奶油。這個時候，就算塗抹不均也沒有關係（E）。

3 進行抹面。把預先冷卻備用的鮮奶油（2/3 份量）倒在上面（F），剩餘部分放回冰箱冷藏。利用與步驟 2 相同的方法，用抹刀抹平表面。

4 抹平側面的時候，就直立拿著抹刀，以相同的方式抹平（G），中央孔洞也要抹平。

＊如果重複塗抹，表面就會產生粗糙紋路，所以分別抹面 1 ～ 2 圈就好。如果產生紋路，就把抹刀上面的奶油擦掉，讓抹刀泡一下熱水，再抹平鮮奶油，就能抹出平滑的表面。抹刀劃出刀紋或是沾黏出勾角的時候，也可以用相同方式修整。

5 剩餘的鮮奶油用打蛋器攪拌，製作成八分發（參考 79 頁）。裝進擠花袋，在蛋糕上面的 6 ～ 8 個位置擠出圓形（H）。裝飾上覆盆子，再依個人喜好，裝飾上薄荷。放進冰箱冷藏 1 小時左右。

＊只要用抹刀等道具，在希望擠花的位置標示記號，就能讓整體更加平衡。

A

E

B

F

C

G

D

H

Decoration
基本的
戚風蛋糕
裝飾
2

巧克力奶油霜和堅果的裝飾

像海綿蛋糕那樣，把蛋糕體切片，重疊塗抹上巧克力奶油霜。
因為採用粗曠的裝飾風格，所以就算不擅長裝飾也沒問題。
也可以使用巧克力香蕉戚風蛋糕製作，同樣十分美味。

● 材料

材料	17 ㎝模型	20 ㎝模型
基本的戚風蛋糕	1 個	1 個
鮮奶油（乳脂肪 45%以上）	300 mℓ	400 mℓ
甜味黑巧克力	100 g	150 g
個人偏愛的堅果（烘焙用）	約 20 g	約 30 g

＊甜味黑巧克力使用巧克力片。若使用板巧克力，就要切碎使用。
＊使用杏仁、核桃、開心果等個人喜歡的堅果。也可以使用乾烤的綜合堅果。

[準備]

1 烘烤基本的戚風蛋糕（參考 9 ～ 14 頁）備用。

2 把堅果放進平底鍋，用中火乾炒 1 分鐘左右，稍微冷卻後，切成碎粒。

● 製作方法

1 蛋糕體切片

1 把 7 ～ 8 支牙籤插在蛋糕體上方 1/3 的部位，沿著牙籤標示的部位，用蛋糕刀進行切片（A）拿掉牙籤，剩餘部分也用相同的方法，切成 2 等分，然後用保鮮膜包起來。

2 製作巧克力奶油霜

2 把一半份量的鮮奶油放進小鍋，開中火加熱，煮沸後，關火，加入甜味黑巧克力，靜置 1 ～ 2 分鐘（B），用橡膠刮刀充分攪拌，使巧克力溶化。

3 倒進調理盆，加入剩餘的鮮奶油攪拌，讓調理盆的底部接觸冷水（如果用冰水，巧克力會凝固，所以水溫大約是添加 2 ～ 3 顆冰塊的程度），打發至七分發（C）。完成後，馬上把水移開。

3 裝飾

4 把少於 1/3 份量的奶油霜倒在 1 的下層蛋糕體，用熱水匙背部，將奶油霜抹開（D），重疊上中層的蛋糕體。上面同樣抹上奶油霜，然後再把上層的蛋糕體疊上。

5 將剩餘的奶油霜抹在上面（E），撒上堅果。放進冰箱冷藏 1 小時以上。

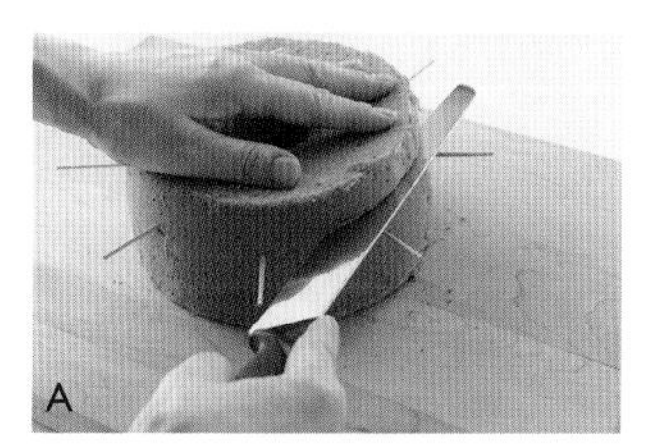
A

D

B

E

C

CHAPTER 2

簡單變化的戚風蛋糕

只要稍微加點變化，就能創造出各種不同的風味。
以下為大家介紹極受歡迎的經典美味。

SIMPLE CHIFFON

紅茶戚風蛋糕

下午茶時光最受歡迎、香氣滿溢的戚風蛋糕。
關鍵是使用格雷伯爵紅茶等調味茶，
同時，雙重使用熬煮的紅茶和茶葉。

● **材料與烘烤時間**（有顏色標示的材料和畫有底線的製作方法是和「基本」作法不同的部分）

材料	17 ㎝模型	20 ㎝模型
蛋黃麵糊		
蛋黃（L）	3 顆	6 顆
砂糖	20 g	40 g
沙拉油	30 ㎖	60 ㎖
紅茶液		
紅茶茶包	4 包	8 包
水	80 ㎖	160 ㎖
紅茶茶葉		
紅茶茶葉（茶包）	1 包	2 包
熱水	15 ㎖	30 ㎖
低筋麵粉	75 g	150 g
蛋白霜		
蛋白（L）	3 顆	6 顆
砂糖	50 g	100 g
烘烤時間（160 度）	35 分鐘	45 分鐘

＊紅茶茶包 1 包約 2g。建議採用格雷伯爵紅茶等調味茶。

[準備]

1 製作紅茶液。把水放進小鍋，加熱煮沸後，放進茶包，用小火熬煮 10 秒後，關火。蓋上鍋蓋，悶 3 分鐘（A），17 ㎝模型取 50 ㎖使用，20 ㎝模型取 100 ㎖使用。

＊用熱水匙把茶包擠乾後測量，如果份量不足，就加水補足。

2 悶蒸紅茶茶葉。把紅茶茶葉從茶包裡面取出，淋上熱水，蓋上保鮮膜，備用（B）。

3 烤箱預熱至 160 度。

● **製作方法**

1 製作蛋黃麵糊

1 把蛋黃和砂糖放進調理盆，用打蛋器確實打發，直到整體呈現泛白。

2 加入沙拉油充分攪拌，加入準備 1 的紅茶液攪拌（C）。

3 用篩網把低筋麵粉篩進調理盆，用打蛋器確實攪拌。

4 加入準備 2 的紅茶茶葉攪拌（D）。蛋黃麵糊完成。

2 製作蛋白霜

5 用手持攪拌器打發蛋白，呈現蓬鬆狀態後，加入砂糖，進一步打發，製作出呈現硬挺勾角的蛋白霜。

3 把 1 和 2 材料合併

6 把蛋白霜撈進蛋黃麵糊裡面，用打蛋器畫圈攪拌。

7 趁還看得到白色部分的時候，把剩下的蛋白霜分 2 次加入，每次加入都要粗略攪拌，然後再加入下一次（E）。

8 最後改用橡膠刮刀，攪拌至整體均勻。

4 入模烘烤

9 把麵糊倒進模型裡面，用筷子沿著圓柱繞圈 5 ～ 6 次，排出空氣。放在烤盤上，用 160 度的烤箱烘烤。

10 表面產生緊繃的薄膜後，在表面切出十字刀痕，再放回烤箱，烤至指定時間。

11 烤好之後，馬上從烤箱內取出，連同模型一起倒扣，冷卻 2 小時以上，直到熱度完全消退。

5 脫模

12 參考 14 頁，進行脫模。

A

B

C

D

E

香草卡士達戚風蛋糕

為了展現出卡士達奶油醬的風味，使用了大量的蛋黃。
可以同時享受到鬆軟口感和奢華濃郁，
香草豆莢的顆粒口感也十分獨特的戚風蛋糕。

● **材料與烘烤時間**（有顏色標示的材料和畫有底線的製作方法是和「基本」作法不同的部分）

材料	17 ㎝模型	20 ㎝模型
蛋黃麵糊		
蛋黃（L）	6 顆	12 顆
砂糖	20 g	40 g
沙拉油	30 ㎖	60 ㎖
牛乳（或水）	40 ㎖	80 ㎖
香草豆莢	1/2 支	1 支
低筋麵粉	65 g	130 g
蛋白霜		
蛋白（L）	3 顆	6 顆
砂糖	50 g	100 g
烘烤時間（160 度）	35 分鐘	45 分鐘

＊香草豆莢也可用香草油（17 ㎝模型 2 ～ 3 滴，20 ㎝模型 3 ～ 4 滴）代替。

[準備]

1 縱向切開香草豆莢的豆莢（A），用刀背刮出香草籽（B）。

2 烤箱預熱至 160 度。

● **製作方法**

1 製作蛋黃麵糊

1 把蛋黃和砂糖放進調理盆，用打蛋器確實打發，直到整體呈現泛白。

2 加入沙拉油充分攪拌，加入牛乳攪拌（C）。

3 加入準備 1 的香草豆莢的種籽攪拌（D）。

4 用篩網把低筋麵粉篩進調理盆，用打蛋器確實攪拌。蛋黃麵糊完成。

2 製作蛋白霜

5 用手持攪拌器打發蛋白，呈現蓬鬆狀態後，加入砂糖，進一步打發，製作出呈現硬挺勾角的蛋白霜。

3 把 1 和 2 材料合併

6 把蛋白霜撈進蛋黃麵糊裡面，用打蛋器畫圈攪拌。

7 趁還看得到白色部分的時候，把剩下的蛋白霜分 2 次加入，每次加入都要粗略攪拌，然後再加入下一次。

8 最後改用橡膠刮刀，攪拌至整體均勻（E）。

4 入模烘烤

9 把麵糊倒進模型裡面，用筷子沿著圓柱繞圈 5 ～ 6 次，排出空氣。放在烤盤上，用 160 度的烤箱烘烤。

10 表面產生緊繃的薄膜後，在表面切出十字刀痕，再放回烤箱，烤至指定時間。

11 烤好之後，馬上從烤箱內取出，連同模型一起倒扣，冷卻 2 小時以上，直到熱度完全消退。

5 脫模

12 參考 14 頁，進行脫模。

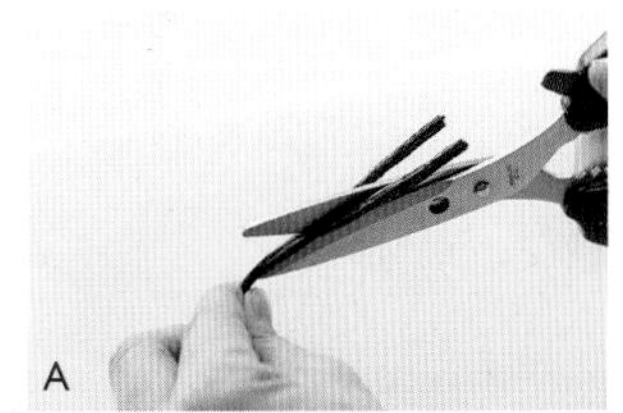
A

B

C

D

E

巧克力戚風蛋糕

採用的不是可可粉，而是大量的巧克力醬。
巧克力控也能大大滿足的濕潤、濃醇風味。
脂肪含量容易使蛋白霜的氣泡消失，所以要注意避免攪拌過多。

● **材料與烘烤時間**（有顏色標示的材料和畫有底線的製作方法是和「基本」作法不同的部分）

材料	17 ㎝模型	20 ㎝模型
蛋黃麵糊		
蛋黃（L）	3 顆	6 顆
砂糖	20 g	40 g
巧克力醬		
甜味黑巧克力	80 g	160 g
水	60 ㎖	120 ㎖
沙拉油	30 ㎖	60 ㎖
低筋麵粉	50 g	100 g
蛋白霜		
蛋白（L）	3 顆	6 顆
砂糖	50 g	100 g
烘烤時間（160 度）	35 分鐘	45 分鐘

＊甜味黑巧克力使用可可含量 60%以下的種類。
可可含量如果太多，蛋糕體可能產生空洞，或是凹陷。

[準備]

1 製作巧克力醬。把甜味黑巧克力切碎。把水放進小鍋，開火煮沸後，關火，放入切碎的巧克力（A）。

2 巧克力開始融化後，用木鏟或橡膠刮刀充分攪拌融化，加入沙拉油攪拌（B）。

3 烤箱預熱至 160 度。

● **製作方法**

1 製作蛋黃麵糊

1 把蛋黃和砂糖放進調理盆，用打蛋器確實打發，直到整體呈現泛白。

2 加入準備 2 的巧克力醬攪拌（C）。

3 用篩網把低筋麵粉篩進調理盆，用打蛋器確實攪（D）。

4 蛋黃麵糊完成。

2 製作蛋白霜

5 用手持攪拌器打發蛋白，呈現蓬鬆狀態後，加入砂糖，進一步打發，製作出呈現硬挺勾角的蛋白霜。

3 把 1 和 2 材料合併

6 把蛋白霜撈進蛋黃麵糊裡面，用打蛋器畫圈攪拌。

7 趁還看得到白色部分的時候，把剩下的蛋白霜分 2 次加入，每次加入都要粗略攪拌，然後再加入下一次（E）。

8 最後改用橡膠刮刀，攪拌至整體均勻。

4 入模烘烤

9 把麵糊倒進模型裡面，放在烤盤上，用 160 度的烤箱烘烤。

＊巧克力的油脂含量容易使氣泡消失，所以可以直接烘烤，不需要用筷子排除空氣。

10 表面產生緊繃的薄膜後，在表面切出十字刀痕，再放回烤箱，烤至指定時間。

11 烤好之後，馬上從烤箱內取出，連同模型一起倒扣，冷卻 2 小時以上，直到熱度完全消退。

5 脫模

12 參考 14 頁，進行脫模。

A

B

C

D

E

焦糖戚風蛋糕

非常受歡迎的焦糖戚風蛋糕。
焦糖會因為熬煮程度而有不同風味，
所以多做幾次，找出自己偏愛的風味吧！

● **材料與烘烤時間**（有顏色標示的材料和畫有底線的製作方法是和「基本」作法不同的部分）

材料	17 ㎝模型	20 ㎝模型
蛋黃麵糊		
蛋黃（L）	3 顆	6 顆
砂糖	30 g	60 g
沙拉油	30 mℓ	60 mℓ
焦糖		
精白砂糖	60 g	120 g
水	15 mℓ	30 mℓ
熱水	30 mℓ	60 mℓ
香草油	2～3 滴	3～4 滴
低筋麵粉	80 g	160 g
蛋白霜		
蛋白（L）	3 顆	6 顆
砂糖	60 g	120 g
烘烤時間（160 度）	35 分鐘	45 分鐘

[準備]

1 製作焦糖。把精白砂糖和水放進小鍋，開火加熱，偶爾搖晃，一邊熬煮。冒煙，整體呈現褐色之後，關火，從鍋緣慢慢倒入熱水，將焦糖稀釋（A）。

＊如果直接倒入熱水，高溫的焦糖可能會產生噴濺的情況，請不要直接倒入。

2 稍微冷卻後，17 ㎝模型取 50 mℓ使用，20 ㎝模型取 100 mℓ使用，預先隔水加熱，避免焦糖凝固。

3 烤箱預熱至 160 度。

● **製作方法**

1 製作蛋黃麵糊

1 把蛋黃和砂糖放進調理盆，用打蛋器確實打發，直到整體呈現泛白。

2 加入沙拉油充分攪拌。

3 加入準備 2 的焦糖（B）、香草油攪拌。

4 用篩網把低筋麵粉篩進調理盆，用打蛋器確實攪拌。蛋黃麵糊完成。

2 製作蛋白霜

5 用手持攪拌器打發蛋白，呈現蓬鬆狀態後，加入砂糖，進一步打發，製作出呈現硬挺勾角的蛋白霜。

3 把 1 和 2 材料合併

6 把蛋白霜撈進蛋黃麵糊裡面，用打蛋器畫圈攪拌。

7 趁還看得到白色部分的時候，把剩下的蛋白霜分 2 次加入，每次加入都要粗略攪拌，然後再加入下一次。

8 最後改用橡膠刮刀，攪拌至整體均勻（C）。

＊麵糊的顏色會變淡，但出爐之後，就會呈現漂亮的焦糖色。

4 入模烘烤

9 把麵糊倒進模型裡面，用筷子沿著圓柱繞圈 5～6 次，排出空氣。放在烤盤上，用 160 度的烤箱烘烤。

10 表面產生緊繃的薄膜後，在表面切出十字刀痕，再放回烤箱，烤至指定時間。

11 烤好之後，馬上從烤箱內取出，連同模型一起倒扣，冷卻 2 小時以上，直到熱度完全消退。

5 脫模

12 參考 14 頁，進行脫模。

A

B

C

香蕉戚風蛋糕

即將出爐的時候，烤箱內飄散出香甜的氣味。
非常適合搭配香草冰淇淋，口感微甜的戚風蛋糕。
只要採用熟透的香蕉，就會更加美味。

● **材料與烘烤時間**（有顏色標示的材料和畫有底線的製作方法是和「基本」作法不同的部分）

材料	17 ㎝模型	20 ㎝模型
蛋黃麵糊		
蛋黃（L）	3 顆	6 顆
砂糖	30 g	60 g
沙拉油	30 ㎖	60 ㎖
香蕉（淨重）	50 g	100 g
香蕉甜露酒（或牛乳）	15 ㎖	30 ㎖
香草油	2 ～ 3 滴	3 ～ 4 滴
低筋麵粉	80 g	160 g
蛋白霜		
蛋白（L）	3 顆	6 顆
砂糖	50 g	100 g
烘烤時間（160 度）	35 分鐘	45 分鐘

＊香蕉甜露酒是帶有香蕉風味的洋酒（A）。也有迷你瓶的規格。

[準備]

烤箱預熱至 160 度。

● **製作方法**

1 製作蛋黃麵糊

1 把蛋黃和砂糖放進調理盆，用打蛋器確實打發，直到整體呈現泛白。

2 加入沙拉油充分攪拌。

3 把香蕉甜露酒淋在香蕉上面，用叉子壓碎（B）。倒進 2 裡面（C），再加入香草油攪拌。

4 用篩網把低筋麵粉篩進調理盆，用打蛋器確實攪拌。蛋黃麵糊完成。

2 製作蛋白霜

5 用手持攪拌器打發蛋白，呈現蓬鬆狀態後，加入砂糖，進一步打發，製作出呈現硬挺勾角的蛋白霜。

3 把 1 和 2 材料合併

6 把蛋白霜撈進蛋黃麵糊裡面，用打蛋器畫圈攪拌。

7 趁還看得到白色部分的時候，把剩下的蛋白霜分 2 次加入，每次加入都要粗略攪拌，然後再加入下一次。

8 最後改用橡膠刮刀，攪拌至整體均勻（D）。

4 入模烘烤

9 把麵糊倒進模型裡面，用筷子沿著圓柱繞圈 5 ～ 6 次，排出空氣。放在烤盤上，用 160 度的烤箱烘烤。

10 表面產生緊繃的薄膜後，在表面切出十字刀痕，再放回烤箱，烤至指定時間。

11 烤好之後，馬上從烤箱內取出，連同模型一起倒扣，冷卻 2 小時以上，直到熱度完全消退。

5 脫模

12 參考 14 頁，進行脫模。依個人喜好，隨附上香草冰淇淋（市售品）。

A

B

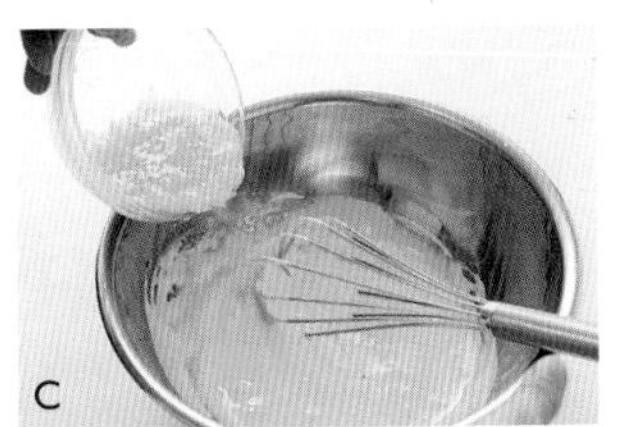
C

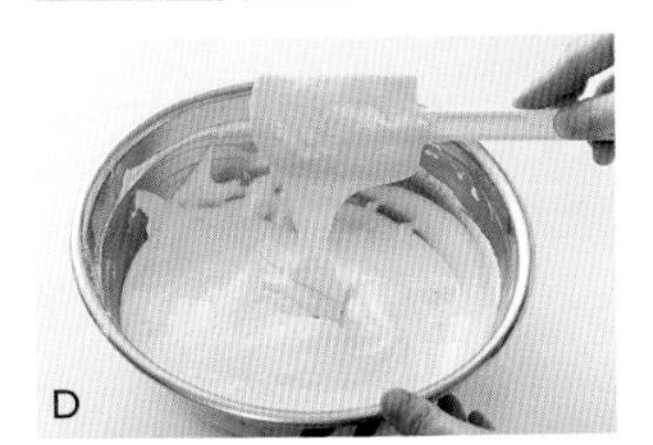
D

草莓戚風蛋糕

混入草莓泥，酸甜可愛的戚風蛋糕。
切開的瞬間，從裡面探出頭的粉紅色蛋糕體像在歡呼似的。
也十分推薦像 16 頁那樣，用發泡鮮奶油進行裝飾喔！

● **材料與烘烤時間**（有顏色標示的材料和畫有底線的製作方法是和「基本」作法不同的部分）

材料	17 ㎝模型	20 ㎝模型
蛋黃麵糊		
蛋黃（L）	4 顆	7 顆
砂糖	20 g	35 g
沙拉油	30 mℓ	60 mℓ
草莓泥（冷凍）	130 g	180 g
檸檬汁	30 mℓ	55 mℓ
食用色素（紅）	隨附的熱水匙 1 匙	隨附的熱水匙 1 ½ 匙
低筋麵粉	75 g	140 g
蛋白霜		
蛋白（L）	4 顆	7 顆
砂糖	50 g	100 g
烘烤時間（160 度）	35 分鐘	45 分鐘

＊食用色素的熱水匙大約是耳勺大小。

[準備]

1 把草莓泥和檸檬汁 1 大匙放進較大的耐熱容器，用微波爐（600W）加熱 7 分鐘，取 70g 使用（20 ㎝模型加熱 8 分鐘，取 100g 使用）。

2 把食用色素放進剩餘的檸檬汁裡面攪拌（A），再和 1 的材料混合攪拌。
＊之所以添加色素是因為烘烤之後，草莓泥的顏色會消退，使蛋糕體呈現灰色。

3 烤箱預熱至 160 度。

● **製作方法**

1 製作蛋黃麵糊

1 把蛋黃和砂糖放進調理盆，用打蛋器確實打發，直到整體呈現泛白。

2 加入沙拉油充分攪拌。

3 <u>加入準備 2 的草莓泥攪拌（B）。</u>

4 用篩網把低筋麵粉篩進調理盆，用打蛋器確實攪拌。蛋黃麵糊完成。

2 製作蛋白霜

5 用手持攪拌器打發蛋白，呈現蓬鬆狀態後，加入砂糖，進一步打發，製作出呈現硬挺勾角的蛋白霜。

3 把 1 和 2 材料合併

6 把蛋白霜撈進蛋黃麵糊裡面，用打蛋器畫圈攪拌。

7 趁還看得到白色部分的時候，把剩下的蛋白霜分 2 次加入，每次加入都要粗略攪拌，然後再加入下一次。

8 最後改用橡膠刮刀，攪拌至整體均勻。

4 入模烘烤

9 把麵糊倒進模型裡面，用筷子沿著圓柱繞圈 5 ～ 6 次，排出空氣。放在烤盤上，用 160 度的烤箱烘烤。

10 表面產生緊繃的薄膜後，在表面切出十字刀痕，再放回烤箱，烤至指定時間。

11 烤好之後，馬上從烤箱內取出，連同模型一起倒扣，冷卻 2 小時以上，直到熱度完全消退。

5 脫模

12 參考 14 頁，進行脫模。

A

B

百香果戚風蛋糕

加入大量的百香果泥。
有點微酸的水果風味。
若是再加上煉乳醬的香甜，清爽的風味就會更加鮮明。

● 材料與烘烤時間（有顏色標示的材料和畫有底線的製作方法是和「基本」作法不同的部分）

材料	17 ㎝模型	20 ㎝模型
蛋黃麵糊		
蛋黃（L）	4 顆	6 顆
砂糖	20 g	30 g
沙拉油	30 ㎖	50 ㎖
百香果泥（冷凍）	70 g	110 g
低筋麵粉	80 g	120 g
蛋白霜		
蛋白（L）	4 顆	6 顆
砂糖	50 g	80 g
烘烤時間（160 度）	35 分鐘	45 分鐘
煉乳醬		
加糖煉乳	40 ㎖	80 ㎖
牛乳	10 ㎖	20 ㎖
香草香精	1～2 滴	2～3 滴

[準備]

1 將百香果泥自然解凍。

2 烤箱預熱至 160 度。

● 製作方法

1 製作蛋黃麵糊

1 把蛋黃和砂糖放進調理盆，用打蛋器確實打發，直到整體呈現泛白。

2 加入沙拉油充分攪拌。

3 加入準備 1 的百香果泥攪拌（A）。

4 用篩網把低筋麵粉篩進調理盆，用打蛋器確實攪拌。蛋黃麵糊完成。

2 製作蛋白霜

5 用手持攪拌器打發蛋白，呈現蓬鬆狀態後，加入砂糖，進一步打發，製作出呈現硬挺勾角的蛋白霜。

3 把 1 和 2 材料合併

6 把蛋白霜撈進蛋黃麵糊裡面，用打蛋器畫圈攪拌。

7 趁還看得到白色部分的時候，把剩下的蛋白霜分 2 次加入，每次加入都要粗略攪拌，然後再加入下一次。

8 最後改用橡膠刮刀，攪拌至整體均勻（B）。

4 入模烘烤

9 把麵糊倒進模型裡面，用筷子沿著圓柱繞圈 5～6 次，排出空氣。放在烤盤上，用 160 度的烤箱烘烤。

10 表面產生緊繃的薄膜後，在表面切出十字刀痕，再放回烤箱，烤至指定時間。

11 烤好之後，馬上從烤箱內取出，連同模型一起倒扣，冷卻 2 小時以上，直到熱度完全消退。

5 脫模

12 參考 14 頁，進行脫模。

6 製作煉乳醬

13 把加糖煉乳、牛乳、香草香精放進調理盆，充分攪拌（C），連同戚風蛋糕一起上桌。

A

B

C

栗子戚風蛋糕

大人、小孩都喜歡，添加大量栗子奶油的戚風蛋糕。
只要搭配略帶萊姆香氣的發泡鮮奶油和可可粉，
就成了奢華的蒙布朗風味。

● **材料與烘烤時間**（有顏色標示的材料和畫有底線的製作方法是和「基本」作法不同的部分）

材料	17 ㎝模型	20 ㎝模型
蛋黃麵糊		
蛋黃（L）	3 顆	5 顆
砂糖	20 g	35 g
栗子奶油（罐頭）	150 g	250 g
沙拉油	30 mℓ	60 mℓ
香草油	2 ～ 3 滴	3 ～ 4 滴
低筋麵粉	65 g	110 g
蛋白霜		
蛋白（L）	3 顆	5 顆
砂糖	40 g	65 g
烘烤時間（160 度）	35 分鐘	45 分鐘
發泡鮮奶油		
鮮奶油	100 mℓ	200 mℓ
砂糖	2 小匙	1 ⅓大匙
萊姆酒（依個人喜好）	1 小匙	2 小匙
可可粉（依個人喜好）	少許	少許

[準備]

烤箱預熱至 160 度。

● **製作方法**

1 製作蛋黃麵糊

1 把蛋黃和砂糖放進調理盆，用打蛋器確實打發，直到整體呈現泛白。

2 把栗子奶油（A）放進另一個調理盆，用打蛋器拌勻。

3 加入 1 的材料攪拌（B），加入沙拉油和香草油充分攪拌。

4 用篩網把低筋麵粉篩進調理盆，用打蛋器確實攪拌。蛋黃麵糊完成。

2 製作蛋白霜

5 用手持攪拌器打發蛋白，呈現蓬鬆狀態後，加入砂糖，進一步打發，製作出呈現硬挺勾角的蛋白霜。

3 把 1 和 2 材料合併

6 把蛋白霜撈進蛋黃麵糊裡面，用打蛋器畫圈攪拌。

7 趁還看得到白色部分的時候，把剩下的蛋白霜分 2 次加入，每次加入都要粗略攪拌，然後再加入下一次。

8 最後改用橡膠刮刀，攪拌至整體均勻（C）。

4 入模烘烤

9 把麵糊倒進模型裡面，用筷子沿著圓柱繞圈 5 ～ 6 次，排出空氣。放在烤盤上，用 160 度的烤箱烘烤。

10 表面產生緊繃的薄膜後，在表面切出十字刀痕，再放回烤箱，烤至指定時間。

11 烤好之後，馬上從烤箱內取出，連同模型一起倒扣，冷卻 2 小時以上，直到熱度完全消退。

5 脫模

12 參考 14 頁，進行脫模。

6 製作發泡鮮奶油

13 把砂糖和萊姆酒倒進鮮奶油裡面，打發至七～八分（參考 79 頁）。連同戚風蛋糕一起裝盤後，再用濾茶器把可可粉篩在上方。

A

B

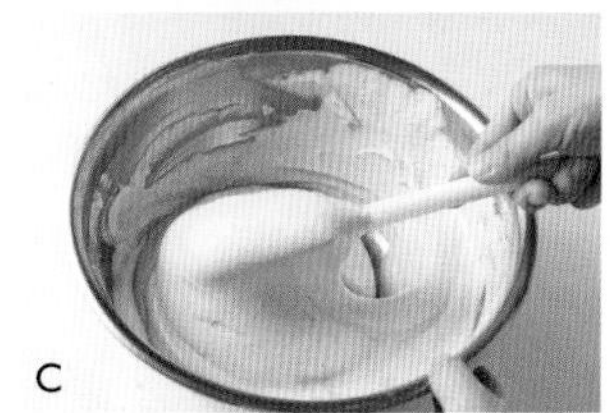
C

南瓜戚風蛋糕

展現南瓜自然甜味的健康戚風蛋糕。
切開之後，馬上就能看到鮮豔的橘色。
可依個人喜好，搭配發泡鮮奶油和肉桂一起享用。

● **材料與烘烤時間**（有顏色標示的材料和畫有底線的製作方法是和「基本」作法不同的部分）

材料	17 ㎝模型	20 ㎝模型
蛋黃麵糊		
蛋黃（L）	3 顆	6 顆
砂糖	25 g	50 g
沙拉油	30 mℓ	60 mℓ
南瓜醬		
南瓜	150 g	300 g
水	25 mℓ	50 mℓ
香草油	2 ～ 3 滴	3 ～ 4 滴
低筋麵粉	60 g	120 g
蛋白霜		
蛋白（L）	3 顆	6 顆
砂糖	50 g	100 g
烘烤時間（160 度）	35 分鐘	45 分鐘

[準備]

1 製作南瓜醬。南瓜去除果皮和種籽後，切成一口大小，快速泡水（份量外）後，放進耐熱容器。輕蓋上保鮮膜，用微波爐加熱 5 ～ 6 分鐘，直到南瓜能用竹籤輕易刺穿（A）。

2 過篩（B）後，17 ㎝模型取 75g 使用，20 ㎝模型取 150g 使用。加水攪拌。

3 烤箱預熱至 160 度。

● **製作方法**

1 製作蛋黃麵糊

1 把蛋黃和砂糖放進調理盆，用打蛋器確實打發，直到整體呈現泛白。

2 加入沙拉油充分攪拌。

3 加入準備 2 的南瓜醬攪拌（C），加入香草油粗略攪拌。

4 用篩網把低筋麵粉篩進調理盆，用打蛋器確實攪拌。蛋黃麵糊完成。

2 製作蛋白霜

5 用手持攪拌器打發蛋白，呈現蓬鬆狀態後，加入砂糖，進一步打發，製作出呈現硬挺勾角的蛋白霜。

3 把 1 和 2 材料合併

6 把蛋白霜撈進蛋黃麵糊裡面，用打蛋器畫圈攪拌。

7 趁還看得到白色部分的時候，把剩下的蛋白霜分 2 次加入，每次加入都要粗略攪拌，然後再加入下一次（D）。

8 最後改用橡膠刮刀，攪拌至整體均勻。

4 入模烘烤

9 把麵糊倒進模型裡面，用筷子沿著圓柱繞圈 5 ～ 6 次，排出空氣。放在烤盤上，用 160 度的烤箱烘烤。

10 表面產生緊繃的薄膜後，在表面切出十字刀痕，再放回烤箱，烤至指定時間。

11 烤好之後，馬上從烤箱內取出，連同模型一起倒扣，冷卻 2 小時以上，直到熱度完全消退。

5 脫模

12 參考 14 頁，進行脫模。

＊也可依個人喜好，隨附上發泡鮮奶油（參考 51 頁）和肉桂粉。

A

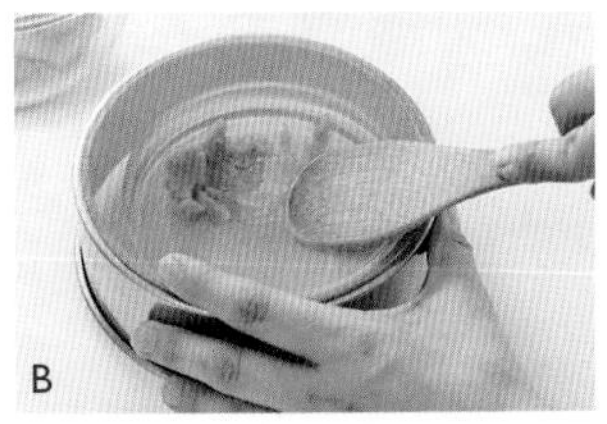
B

C

D

費南雪風味戚風蛋糕

因為使用蛋白和蛋黃，所以外觀和基本的戚風蛋糕十分類似，
不過，奶油香氣在嘴裡擴散的風味卻令人十分驚豔。
利用大量的焦化奶油和杏仁粉，重現費南雪的風味。

● **材料與烘烤時間**（有顏色標示的材料和畫有底線的製作方法是和「基本」作法不同的部分）

材料	17 ㎝模型	20 ㎝模型
蛋黃麵糊		
蛋黃（L）	3 顆	6 顆
砂糖	30 g	60 g
沙拉油	30 mℓ	60 mℓ
奶油（不使用食鹽）	60 g	120 g
水	20 mℓ	40 mℓ
低筋麵粉	75 g	150 g
杏仁粉	35 g	70 g
蛋白霜		
蛋白（L）	3 顆	6 顆
砂糖	60 g	120 g
烘烤時間（160 度）	35 分鐘	45 分鐘

[準備]

1 製作焦化奶油。把奶油放進小鍋，開中火加熱，奶油融化後，用木鏟一邊刮削鍋底，一邊加熱，奶油變色後，改用小火。氣泡變小，整體呈現淡褐色之後（A），用濾茶器過濾後，放涼。

＊餘熱可能導致奶油過焦，所以移開火爐後，要馬上過濾。

2 把杏仁粉放進平底鍋，用小火加熱，一邊用木鏟攪拌，持續翻炒直到產生香氣、變色之後（B），攤放在調理盆上冷卻。

3 烤箱預熱至 160 度。

● **製作方法**

1 製作蛋黃麵糊

1 把蛋黃和砂糖放進調理盆，用打蛋器確實打發，直到整體呈現泛白。

2 加入沙拉油充分攪拌。加入準備 1 的焦化奶油攪拌（C）。加水攪拌。

3 把低筋麵粉和準備 2 的杏仁粉混在一起，再用篩網篩進調理盆（D），用打蛋器確實攪拌。蛋黃麵糊完成。

2 製作蛋白霜

4 用手持攪拌器打發蛋白，呈現蓬鬆狀態後，加入砂糖，進一步打發，製作出呈現硬挺勾角的蛋白霜。

3 把 1 和 2 材料合併

5 把蛋白霜撈進蛋黃麵糊裡面，用打蛋器畫圈攪拌。

6 趁還看得到白色部分的時候，把剩下的蛋白霜分 2 次加入，每次加入都要粗略攪拌，然後再加入下一次。

7 最後改用橡膠刮刀，攪拌至整體均勻（E）。

4 入模烘烤

8 把麵糊倒進模型裡面，用筷子沿著圓柱繞圈 5 ～ 6 次，排出空氣。放在烤盤上，用 160 度的烤箱烘烤。

9 表面產生緊繃的薄膜後，在表面切出十字刀痕，再放回烤箱，烤至指定時間。

10 烤好之後，馬上從烤箱內取出，連同模型一起倒扣，冷卻 2 小時以上，直到熱度完全消退。

5 脫模

11 參考 14 頁，進行脫模。

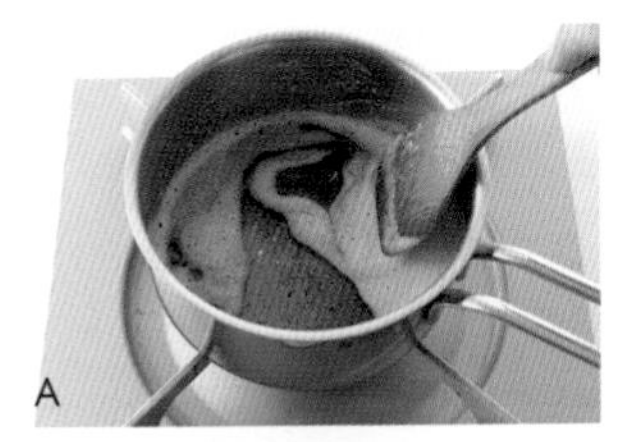
A

B

C

D

E

藍紋起司戚風蛋糕

運用藍紋起司的個性風味，烤出濕潤美味。
因為味道屬於鹹味，所以也很適合搭配酒類享用。
起司的乳脂肪容易使蛋白霜的氣泡消失，所以麵糊的處理速度要快一點。

● **材料與烘烤時間**（有顏色標示的材料和畫有底線的製作方法是和「基本」作法不同的部分）

材料	17 ㎝模型	20 ㎝模型
蛋黃麵糊		
蛋黃（L）	5 顆	8 顆
砂糖	30 g	60 g
沙拉油	30 ㎖	50 ㎖
藍紋起司	50 g	80 g
水	30 ㎖	50 ㎖
鹽	4 g	10 g
低筋麵粉	70 g	160 g
蛋白霜		
蛋白（L）	5 顆	8 顆
砂糖	60 g	120 g
烘烤時間（160 度）	35 分鐘	45 分鐘

＊藍紋起司使用丹麥藍起司（A）。也可以使用羅克福乾酪、古岡左拉起司等。

［準備］

1 把藍紋起司和水放進耐熱容器，不用覆蓋保鮮膜，直接用微波爐加熱 1 ～ 2 分鐘，融化後，用打蛋器充分拌勻（B）。

2 烤箱預熱至 160 度。

● **製作方法**

1 製作蛋黃麵糊

1 把蛋黃和砂糖放進調理盆，用打蛋器確實打發，直到整體呈現泛白。

2 加入沙拉油充分攪拌。加入準備 1 融化的藍紋起司和水、鹽巴攪拌（C）。

3 用篩網把低筋麵粉篩進調理盆，用打蛋器確實攪拌。蛋黃麵糊完成。

2 製作蛋白霜

4 用手持攪拌器打發蛋白，呈現蓬鬆狀態後，加入砂糖，進一步打發，製作出呈現硬挺勾角的蛋白霜。

3 把 1 和 2 材料合併

5 把蛋白霜撈進蛋黃麵糊裡面，用打蛋器畫圈攪拌。

6 趁還看得到白色部分的時候，把剩下的蛋白霜分 2 次加入，每次加入都要粗略攪拌，然後再加入下一次。

7 最後改用橡膠刮刀，攪拌至整體均勻（D）。

4 入模烘烤

8 把麵糊倒進模型裡面，放在烤盤上，用 160 度的烤箱烘烤。

＊起司的油脂含量容易使氣泡消失，所以可以直接烘烤，不需要用筷子排除空氣。

9 表面產生緊繃的薄膜後，在表面切出十字刀痕，再放回烤箱，烤至指定時間。

10 烤好之後，馬上從烤箱內取出，連同模型一起倒扣，冷卻 2 小時以上，直到熱度完全消退。

5 脫模

11 參考 14 頁，進行脫模。

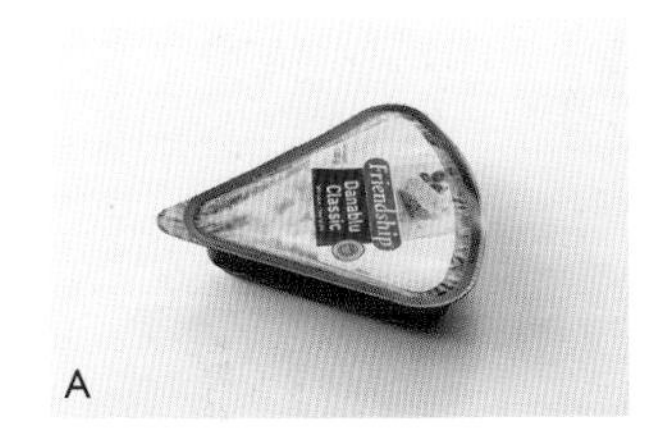

A

B

C

D

CHAPTER 3

日式戚風蛋糕

加上日式食材，就成了放鬆優雅風味的戚風蛋糕。
最適合推薦給喜愛和菓子的朋友，非常適合搭配日本茶的蛋糕。

JAPANESE CHIFFON

牛蒡茶戚風蛋糕

放進嘴裡的瞬間，牛蒡的香氣就慢慢擴散開來。
熬煮出濃郁味道的茶，讓風味更加鮮明吧！
請務必使用帶有新鮮烘焙香氣的茶葉。

● **材料與烘烤時間**（有顏色標示的材料和畫有底線的製作方法是和「基本」作法不同的部分）

材料	17 ㎝模型	20 ㎝模型
蛋黃麵糊		
蛋黃（L）	3 顆	6 顆
砂糖	20 g	40 g
沙拉油	30 mℓ	60 mℓ
牛蒡茶液		
牛蒡茶葉	20 g	40 g
水	100 mℓ	200 mℓ
低筋麵粉	75 g	150 g
蛋白霜		
蛋白（L）	3 顆	6 顆
砂糖	50 g	100 g
烘烤時間（160 度）	35 分鐘	45 分鐘

[準備]

1 製作牛蒡茶液。把水放進小鍋，開火加熱，沸騰後，放進牛蒡茶葉，用小火熬煮 10 秒，關火（A）。

2 蓋上鍋蓋，悶 3 分鐘，用篩網過濾，17 ㎝模型取 40 mℓ使用，20 ㎝模型取 80 mℓ使用（B）。
＊確實擠出茶液之後再測量，如果重量不夠，就加水補足。

3 烤箱預熱至 160 度。

● **製作方法**

1 製作蛋黃麵糊

1 把蛋黃和砂糖放進調理盆，用打蛋器確實打發，直到整體呈現泛白。

2 加入沙拉油充分攪拌。

3 加入準備 2 的牛蒡茶液攪拌（C）。

4 用篩網把低筋麵粉篩進調理盆，用打蛋器確實攪拌（D）。蛋黃麵糊完成。

2 製作蛋白霜

5 用手持攪拌器打發蛋白，呈現蓬鬆狀態後，加入砂糖，進一步打發，製作出呈現硬挺勾角的蛋白霜。

3 把 1 和 2 材料合併

6 把蛋白霜撈進蛋黃麵糊裡面，用打蛋器畫圈攪拌。

7 趁還看得到白色部分的時候，把剩下的蛋白霜分 2 次加入，每次加入都要粗略攪拌，然後再加入下一次。

8 最後改用橡膠刮刀，攪拌至整體均勻（E）。

4 入模烘烤

9 把麵糊倒進模型裡面，用筷子沿著圓柱繞圈 5 ～ 6 次，排出空氣。放在烤盤上，用 160 度的烤箱烘烤。

10 表面產生緊繃的薄膜後，在表面切出十字刀痕，再放回烤箱，烤至指定時間。

11 烤好之後，馬上從烤箱內取出，連同模型一起倒扣，冷卻 2 小時以上，直到熱度完全消退。

5 脫模

12 參考 14 頁，進行脫模。

A

B

C

D

E

薑汁戚風蛋糕

運用薑的香氣，創造出清爽口感的戚風蛋糕。
請務必搭配十分對味的卡士達醬一起享用，
也非常適合搭配奶茶或咖啡歐蕾。

● **材料與烘烤時間**（有顏色標示的材料和畫有底線的製作方法是和「基本」作法不同的部分）

材料	17 ㎝模型	20 ㎝模型
蛋黃麵糊		
蛋黃（L）	3 顆	6 顆
砂糖	20 g	40 g
沙拉油	30 mℓ	60 mℓ
薑（磨成泥）	20 g	40 g
水	20 mℓ	40 mℓ
低筋麵粉	75 g	150 g
蛋白霜		
蛋白（L）	3 顆	6 顆
砂糖	40 g	80 g
烘烤時間（160 度）	35 分鐘	45 分鐘
卡士達醬		
蛋黃（L）	2 個分	4 顆
砂糖	50 g	100 g
牛乳	140 mℓ	280 mℓ
香草豆莢	1/3支	1/2支

[準備]

1 生薑削皮後，磨成泥，測量重量。

2 縱向切開香草豆莢的豆莢，用菜刀的背面刮出種籽（參考 23 頁）。

3 烤箱預熱至 160 度。

＊卡士達醬可冷藏保存 2 天。
＊香草豆莢可用香草油（17 ㎝模型 2 ～ 3 滴，20 ㎝模型 3 ～ 4 滴）代替。

● **製作方法**

1 製作蛋黃麵糊

1 把蛋黃和砂糖放進調理盆，用打蛋器確實打發，直到整體呈現泛白。

2 加入沙拉油充分攪拌。

3 加入準備 1 的生薑、水攪拌（A）。

4 用篩網把低筋麵粉篩進調理盆，用打蛋器確實攪拌。蛋黃麵糊完成。

2 製作蛋白霜

5 用手持攪拌器打發蛋白，呈現蓬鬆狀態後，加入砂糖，進一步打發，製作出呈現硬挺勾角的蛋白霜。

3 把 1 和 2 材料合併

6 把蛋白霜撈進蛋黃麵糊裡面，用打蛋器畫圈攪拌。

7 趁還看得到白色部分的時候，把剩下的蛋白霜分 2 次加入，每次加入都要粗略攪拌，然後再加入下一次（B）。

8 最後改用橡膠刮刀，攪拌至整體均勻。

4 入模烘烤

9 把麵糊倒進模型裡面，用筷子沿著圓柱繞圈 5 ～ 6 次，排出空氣。放在烤盤上，用 160 度的烤箱烘烤。

10 表面產生緊繃的薄膜後，在表面切出十字刀痕，再放回烤箱，烤至指定時間。

11 烤好之後，馬上從烤箱內取出，連同模型一起倒扣，冷卻 2 小時以上，直到熱度完全消退。

5 脫模

12 參考 14 頁，進行脫模。

6 製作卡士達醬

13 把蛋黃放進調理盆，加入 2/3 份量的砂糖，用打蛋器攪拌。把剩餘的砂糖、牛乳、準備 **2** 的香草豆莢的豆莢和種籽放進小鍋，加熱至幾乎快沸騰的狀態，逐次少量的倒進調理盆，然後攪拌（C）。

14 倒回鍋裡，開小火加熱，用木鏟不斷刮削鍋底，持續烹煮攪拌，直到產生濃稠度就關火（D）。

15 用篩網過篩後，冷卻，搭配戚風蛋糕一起上桌。

＊底部有時會有些許凝固，所以務必過篩去除。

A

B

C

D

蜂蜜蛋糕風味的戚風蛋糕

口感宛如蜂蜜蛋糕般，鬆軟、濕潤的戚風蛋糕。

添加蜂蜜和味醂，展現出温和的甜味與濃郁。

褐色的外皮香氣四溢，非常適合搭配綠茶或牛蒡茶。

● **材料與烘烤時間**（有顏色標示的材料和畫有底線的製作方法是和「基本」作法不同的部分）

材料	17 ㎝模型	20 ㎝模型
蛋黃麵糊		
蛋黃（L）	3 顆	6 顆
砂糖	20 g	40 g
蜂蜜	30 g	60 g
沙拉油	30 ㎖	60 ㎖
味醂	15 ㎖	30 ㎖
低筋麵粉	80 g	160 g
蛋白霜		
蛋白（L）	3 顆	6 顆
砂糖	50 g	100 g
烘烤時間（160 度）	35 分鐘	45 分鐘

＊因為使用蜂蜜，所以未滿 1 歲的乳幼兒不能食用。

[準備]

烤箱預熱至 160 度。

● **製作方法**

1 製作蛋黃麵糊

1 把蛋黃和砂糖、蜂蜜放進調理盆（A），用打蛋器確實打發，直到整體呈現泛白。

2 加入沙拉油充分攪拌，加入味醂攪拌（B）。

3 用篩網把低筋麵粉篩進調理盆，用打蛋器確實攪拌。蛋黃麵糊完成。

2 製作蛋白霜

4 用手持攪拌器打發蛋白，呈現蓬鬆狀態後，加入砂糖，進一步打發，製作出呈現硬挺勾角的蛋白霜。

3 把 1 和 2 材料合併

5 把蛋白霜撈進蛋黃麵糊裡面，用打蛋器畫圈攪拌。

6 趁還看得到白色部分的時候，把剩下的蛋白霜分 2 次加入，每次加入都要粗略攪拌，然後再加入下一次（C）。

7 最後改用橡膠刮刀，攪拌至整體均勻。

4 入模烘烤

8 把麵糊倒進模型裡面，用筷子沿著圓柱繞圈 5 ～ 6 次，排出空氣。放在烤盤上，用 160 度的烤箱烘烤。

9 表面產生緊繃的薄膜後，在表面切出十字刀痕，再放回烤箱，烤至指定時間。

＊因為添加了蜂蜜和味醂，所以烤色會變深。如果感覺頂部好像快烤焦，就覆蓋鋁箔紙後，再進行烘烤。

10 烤好之後，馬上從烤箱內取出，連同模型一起倒扣，冷卻 2 小時以上，直到熱度完全消退。

5 脫模

11 參考 14 頁，進行脫模。

A

B

C

黑芝麻戚風蛋糕

在添加了芝麻糊的麵糊裡面加入芝麻，顆粒口感形成味覺的重點。
不管是茶類，還是咖啡，都很適合搭配，營養豐富且香氣十足的戚風蛋糕。
除了用黑芝麻烤出時尚色調之外，白芝麻同樣也能烘烤出美味。

● **材料與烘烤時間**（有顏色標示的材料和畫有底線的製作方法是和「基本」作法不同的部分）

材料	17 ㎝模型	20 ㎝模型
蛋黃麵糊		
蛋黃（L）	3 顆	6 顆
砂糖	20 g	40 g
黑芝麻糊	70 g	140 g
沙拉油	30 ㎖	60 ㎖
水	45 ㎖	80 ㎖
低筋麵粉	60 g	120 g
黑芝麻	1 ½ 大匙	3 大匙
蛋白霜		
蛋白（L）	3 顆	6 顆
砂糖	60 g	120 g
烘烤時間（160 度）	35 分鐘	45 分鐘

[準備]

烤箱預熱至 160 度。

● **製作方法**

1 製作蛋黃麵糊

1 把芝麻糊放進調理盆，用打蛋器仔細拌勻，加入沙拉油、水攪拌（A）。

2 把蛋黃和砂糖放進另一個調理盆，用打蛋器確實打發，直到整體呈現泛白。

3 把 2 的材料倒進 1 的調理盆攪拌（B）。

4 用篩網把低筋麵粉篩進調理盆，用打蛋器確實攪拌。蛋黃麵糊完成。

2 製作蛋白霜

5 用手持攪拌器打發蛋白，呈現蓬鬆狀態後，加入砂糖，進一步打發，製作出呈現硬挺勾角的蛋白霜。

3 把 1 和 2 材料合併

6 把蛋白霜撈進蛋黃麵糊裡面，用打蛋器畫圈攪拌。

7 趁還看得到白色部分的時候，把剩下的蛋白霜分 2 次加入，每次加入都要粗略攪拌，然後再加入下一次（C）。

8 最後改用橡膠刮刀，攪拌至整體均勻。

9 加入黑芝麻攪拌（D）。

4 入模烘烤

10 把麵糊倒進模型裡面，用筷子沿著圓柱繞圈 5 ～ 6 次，排出空氣。放在烤盤上，用 160 度的烤箱烘烤。

11 表面產生緊繃的薄膜後，在表面切出十字刀痕，再放回烤箱，烤至指定時間。

12 烤好之後，馬上從烤箱內取出，連同模型一起倒扣，冷卻 2 小時以上，直到熱度完全消退。

5 脫模

13 參考 14 頁，進行脫模。

A

B

C

D

紅豆戚風蛋糕

只是加了水煮紅豆，就能製作出濕潤的日式戚風蛋糕。

每天都會想吃的溫暖風味。

搭配與紅豆十分對味的發泡鮮奶油一起上桌吧！

● **材料與烘烤時間**（有顏色標示的材料和畫有底線的製作方法是和「基本」作法不同的部分）

材料	17 ㎝模型	20 ㎝模型
蛋黃麵糊		
蛋黃（L）	3 顆	6 顆
砂糖	20 g	40 g
沙拉油	30 mℓ	60 mℓ
水煮紅豆（罐頭）	180 g	360 g
低筋麵粉	70 g	140 g
蛋白霜		
蛋白（L）	3 顆	6 顆
砂糖	40 g	80 g
烘烤時間（160 度）	35 分鐘	45 分鐘
發泡鮮奶油		
鮮奶油	100 mℓ	200 mℓ
砂糖	15 g	30 g

[準備]

烤箱預熱至 160 度。

● **製作方法**

1 製作蛋黃麵糊

1 把蛋黃和砂糖放進調理盆，用打蛋器確實打發，直到整體呈現泛白。

2 加入沙拉油充分攪拌。

3 加入水煮紅豆攪拌（A）。

4 用篩網把低筋麵粉篩進調理盆，用打蛋器確實攪拌（B）。蛋黃麵糊完成。

2 製作蛋白霜

5 用手持攪拌器打發蛋白，呈現蓬鬆狀態後，加入砂糖，進一步打發，製作出呈現硬挺勾角的蛋白霜。

3 把 1 和 2 材料合併

6 把蛋白霜撈進蛋黃麵糊裡面，用打蛋器畫圈攪拌。

7 趁還看得到白色部分的時候，把剩下的蛋白霜分 2 次加入，每次加入都要粗略攪拌，然後再加入下一次。

8 最後改用橡膠刮刀，攪拌至整體均勻（C）。

4 入模烘烤

9 把麵糊倒進模型裡面，用筷子沿著圓柱繞圈 5～6 次，排出空氣。放在烤盤上，用 160 度的烤箱烘烤。

10 表面產生緊繃的薄膜後，在表面切出十字刀痕，再放回烤箱，烤至指定時間。

11 烤好之後，馬上從烤箱內取出，連同模型一起倒扣，冷卻 2 小時以上，直到熱度完全消退。

5 脫模

12 參考 14 頁，進行脫模。

6 製作發泡鮮奶油

13 隨附上打發至七～八分發（參考 79 頁）的發泡鮮奶油。

A

B

C

豆漿黑豆戚風蛋糕

可以攝取到大量異黃酮的健康戚風蛋糕。

在稍微抑制甜度的麵糊裡面，添加了些許鹽巴。

黑豆不採用甜煮黑豆，而是大膽採用單純水煮的黑豆。

● **材料與烘烤時間**（有顏色標示的材料和畫有底線的製作方法是和「基本」作法不同的部分）

材料	17 ㎝模型	20 ㎝模型
蛋黃麵糊		
蛋黃（L）	3 顆	6 顆
砂糖	20 g	40 g
沙拉油	30 mℓ	60 mℓ
豆漿	50 mℓ	100 mℓ
鹽	1/2 小匙	1 小匙
低筋麵粉	75 g	150 g
蛋白霜		
蛋白（L）	3 顆	6 顆
砂糖	40 g	80 g
黑豆（乾燥）	20 g	40 g
烘烤時間（160 度）	35 分鐘	45 分鐘

＊也可以使用瀝乾熱水汁的甜煮黑豆或蒸煮黑豆（市售品）。這個時候，17 ㎝模型使用 50g，20 ㎝模型使用 100g。

[準備]

1 把黑豆放進大量的水裡面浸泡一晚（A）。

2 放進小鍋，開火加熱，熬煮到熱水汁快乾的時候，再次加水，持續烹煮 30 分鐘，直到黑豆變軟（B）。

3 烤箱預熱至 160 度。

● **製作方法**

1 製作蛋黃麵糊

1 把蛋黃和砂糖放進調理盆，用打蛋器確實打發，直到整體呈現泛白。

2 加入沙拉油充分攪拌。

3 加入豆漿、鹽巴攪拌（C）。

4 用篩網把低筋麵粉篩進調理盆，用打蛋器確實攪拌（D）。蛋黃麵糊完成。

2 製作蛋白霜

5 用手持攪拌器打發蛋白，呈現蓬鬆狀態後，加入砂糖，進一步打發，製作出呈現硬挺勾角的蛋白霜。

3 把 1 和 2 材料合併

6 把蛋白霜撈進蛋黃麵糊裡面，用打蛋器畫圈攪拌。

7 趁還看得到白色部分的時候，把剩下的蛋白霜分 2 次加入，每次加入都要粗略攪拌，然後再加入下一次。

8 最後改用橡膠刮刀，攪拌至整體均勻。

9 加入準備 2 確實瀝乾熱水汁的黑豆，快速攪拌（E）。

4 入模烘烤

10 把麵糊倒進模型裡面，用筷子沿著圓柱繞圈 3 ～ 4 次，排出空氣。放在烤盤上，用 160 度的烤箱烘烤。

11 表面產生緊繃的薄膜後，在表面切出十字刀痕，再放回烤箱，烤至指定時間。

12 烤好之後，馬上從烤箱內取出，連同模型一起倒扣，冷卻 2 小時以上，直到熱度完全消退。

5 脫模

13 參考 14 頁，進行脫模。

A

B

C

D

E

米粉芝麻戚風蛋糕

不使用麵粉，用 100%的米粉製作的戚風蛋糕。
剛出爐的時候十分鬆軟，隔天則是呈現軟 Q 口感。
因為口味清淡，所以利用白芝麻增添風味。

● **材料與烘烤時間**（有顏色標示的材料和畫有底線的製作方法是和「基本」作法不同的部分）

材料	17 ㎝模型	20 ㎝模型
蛋黃麵糊		
蛋黃（L）	4 顆	7 顆
砂糖	20 g	35 g
沙拉油	30 mℓ	70 mℓ
水	20 mℓ	35 mℓ
香草油	2～3 滴	3～4 滴
米粉（烘焙用）	85 g	150 g
白芝麻	1 大匙	2 大匙
蛋白霜		
蛋白（L）	4 顆	7 顆
砂糖	50 g	90 g
烘烤時間（160 度）	35 分鐘	45 分鐘

＊米粉（A）使用烘焙（蛋糕）用的種類。

［準備］

烤箱預熱至 160 度。

● **製作方法**

1 製作蛋黃麵糊

1 把蛋黃和砂糖放進調理盆，用打蛋器確實打發，直到整體呈現泛白。

2 加入沙拉油充分攪拌，加入水、香草油攪拌。

3 加入米粉，用打蛋器確實攪拌（B）。

＊米粉不含麩質，不會結塊，所以不需要過篩。

4 加入白芝麻攪拌（C）。蛋黃麵糊完成。

2 製作蛋白霜

5 用手持攪拌器打發蛋白，呈現蓬鬆狀態後，加入砂糖，進一步打發，製作出呈現硬挺勾角的蛋白霜。

3 把 1 和 2 材料合併

6 把蛋白霜撈進蛋黃麵糊裡面，用打蛋器畫圈攪拌。

7 趁還看得到白色部分的時候，把剩下的蛋白霜分 2 次加入，每次加入都要粗略攪拌，然後再加入下一次（D）。

8 最後改用橡膠刮刀，攪拌至整體均勻。

4 入模烘烤

9 把麵糊倒進模型裡面，用筷子沿著圓柱繞圈 5～6 次，排出空氣。放在烤盤上，用 160 度的烤箱烘烤。

10 表面產生緊繃的薄膜後，在表面切出十字刀痕，再放回烤箱，烤至指定時間。

11 烤好之後，馬上從烤箱內取出，連同模型一起倒扣，冷卻 2 小時以上，直到熱度完全消退。

5 脫模

12 參考 14 頁，進行脫模。

A

B

C

D

抹茶黃豆粉戚風蛋糕

日式最經典的抹茶風味，再加上添加大量黃豆粉的麵糊。
希望細細品嚐各自的味道，所以製作成簡單的雙層結構。
也可以依個人喜好，製作成大理石紋路。

● **材料與烘烤時間**（有顏色標示的材料和畫有底線的製作方法是和「基本」作法不同的部分）

材料	17 ㎝模型	20 ㎝模型
蛋黃麵糊		
蛋黃（L）	4 顆	7 顆
砂糖	20 g	35 g
沙拉油	30 ㎖	55 ㎖
水	40 ㎖	70 ㎖
抹茶麵糊用		
低筋麵粉	30 g	55 g
抹茶	5 g	9 g
黃豆粉麵糊用		
低筋麵粉	20 g	35 g
黃豆粉	15 g	26 g
蛋白霜		
蛋白（L）	4 顆	7 顆
砂糖	50 g	90 g
烘烤時間（160 度）	35 分鐘	45 分鐘

[準備]

1 分別把抹茶麵糊用的低筋麵粉和抹茶、黃豆粉麵糊用的低筋麵粉和黃豆粉混在一起，再用篩網過篩。

2 烤箱預熱至 160 度。

● **製作方法**

1 製作蛋黃麵糊

1 把蛋黃和砂糖放進調理盆，用打蛋器確實打發，直到整體呈現泛白。

2 加入沙拉油充分攪拌。加水攪拌。

3 把麵糊分成各一半份量（17 ㎝模型約 85g，20 ㎝模型約 150g）。

4 把準備 1 的抹茶麵糊用的粉再次過篩，放進一半份量的麵糊裡面，用打蛋器確實攪拌。另一邊同樣要把準備 1 的黃豆粉麵糊再次過篩，然後放進另一半份量的麵糊裡面，確實攪拌（A）。蛋黃麵糊完成。

2 製作蛋白霜

5 用手持攪拌器打發蛋白，呈現蓬鬆狀態後，加入砂糖，進一步打發，製作出呈現硬挺勾角的蛋白霜。

3 把 1 和 2 材料合併

6 把蛋白霜分成各一半份量。把一半份量撈進抹茶麵糊裡面，用打蛋器畫圈攪拌。

7 趁還看得到白色部分的時候，把剩下的蛋白霜分 2 次加入，每次加入都要粗略攪拌，然後再加入下一次（B）。

8 最後改用橡膠刮刀，攪拌至整體均勻。黃豆粉麵糊也用相同的方式攪拌。

4 入模烘烤

9 把黃豆粉麵糊倒進模型裡面，用熱水匙的背面等輕輕抹平表面（C）。

10 把抹茶麵糊倒在上方（D），將表面抹平。放在烤盤上，用 160 度的烤箱烘烤。

＊如果希望製作成大理石紋，就把兩種麵糊倒進調理盆粗略攪拌，然後直接倒進模型裡面。

11 表面產生緊繃的薄膜後，在表面切出十字刀痕，再放回烤箱，烤至指定時間。

12 烤好之後，馬上從烤箱內取出，連同模型一起倒扣，冷卻 2 小時以上，直到熱度完全消退。

5 脫模

13 參考 14 頁，進行脫模。

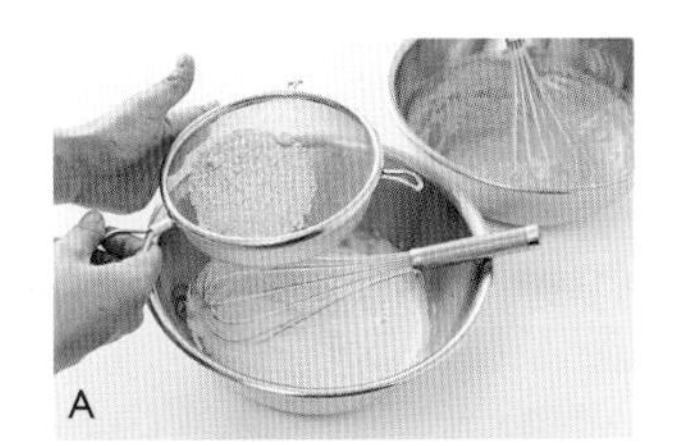
A

B

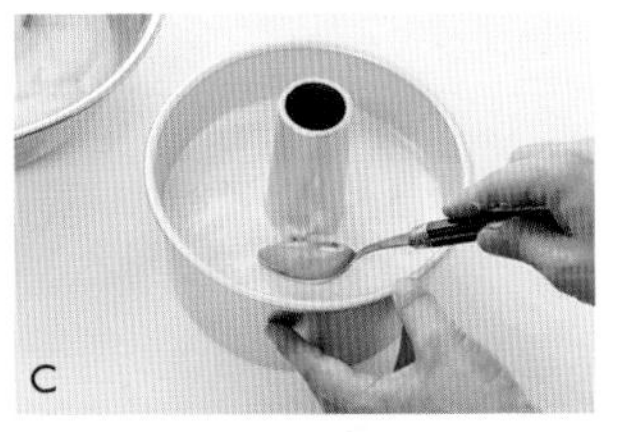
C

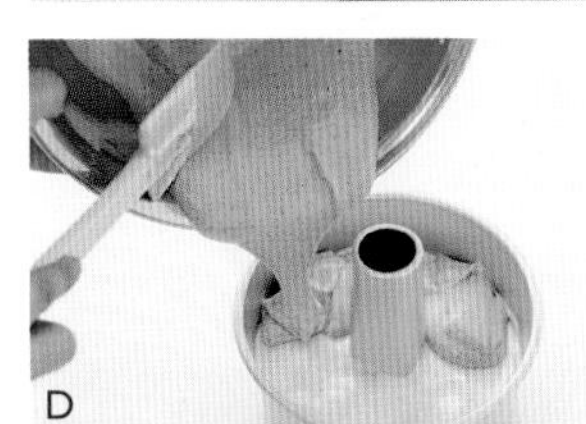
D

CHAPTER 4

綜合香料戚風蛋糕

與香料組合搭配，稍微需要一點技巧的戚風蛋糕。
如果已經十分熟悉戚風蛋糕的製作，請務必挑戰看看。

MIX FLAVOR

藍莓＆起司戚風蛋糕

使用低脂的茅屋起司，製作出清爽風味。
帶點鹹味的蛋糕體，和酸甜滋味的藍莓十分速配。
為避免藍莓沉入麵糊底部，花點時間配置藍莓，便是主要關鍵。

● **材料與烘烤時間**（有顏色標示的材料和畫有底線的製作方法是和「基本」作法不同的部分）

材料	17 ㎝模型	20 ㎝模型
蛋黃麵糊		
茅屋起司（過篩類型）	80 g	140 g
檸檬汁	30 mℓ	50 mℓ
沙拉油	30 mℓ	55 mℓ
蛋黃（L）	4 顆	7 顆
砂糖	30 g	50 g
香草油	2 ～ 3 滴	3 ～ 4 滴
鹽	1/5 小匙	2/5 小匙
低筋麵粉	70 g	125 g
蛋白霜		
蛋白（L）	4 顆	7 顆
砂糖	50 g	90 g
藍莓（冷凍）	100 g	200 g
砂糖	5 g	10 g
檸檬汁	1/2 小匙	1 小匙
烘烤時間（160 度）	35 分鐘	45 分鐘

[準備]

1 把冷凍狀態的藍莓、砂糖、檸檬汁放進耐熱容器，不覆蓋保鮮膜，放進微波爐加熱 2 分～ 2 分 30 秒（A）。

2 用篩網過篩，把果肉和液體分開。果肉用廚房紙巾擦乾，撒上少許的低筋麵粉（份量外）。

＊殘餘的液體可當成醬汁使用。

3 烤箱預熱至 160 度。

● **製作方法**

1 製作蛋黃麵糊

1 把茅屋起司和檸檬汁放進調理盆，用打蛋器攪拌，加入沙拉油攪拌（B）。

2 把蛋黃和砂糖放進另一個調理盆，用打蛋器確實打發，直到整體呈現泛白。

3 分 2 ～ 3 次，把 2 的材料加入 1 的調理盆內攪拌（C），加入香草油、鹽巴攪拌。

4 用篩網把低筋麵粉篩進調理盆，用打蛋器確實攪拌。蛋黃麵糊完成。

2 製作蛋白霜

5 用手持攪拌器打發蛋白，呈現蓬鬆狀態後，加入砂糖，進一步打發，製作出呈現硬挺勾角的蛋白霜。

3 把 1 和 2 材料合併

6 把蛋白霜撈進蛋黃麵糊裡面，用打蛋器畫圈攪拌。

7 趁還看得到白色部分的時候，把剩下的蛋白霜分 2 次加入，每次加入都要粗略攪拌，然後再加入下一次（D）。

8 最後改用橡膠刮刀，攪拌至整體均勻。

4 入模烘烤

9 把 1/3 份量的麵糊倒進模型，鋪上準備 2 的藍莓（1/3 份量）（E）。重複前面的步驟，最後，最上面的藍莓要輕輕壓進麵糊裡面。放在烤盤上，用 160 度的烤箱烘烤。

10 表面產生緊繃的薄膜後，在表面切出十字刀痕，再放回烤箱，烤至指定時間。

11 烤好之後，馬上從烤箱內取出，連同模型一起倒扣，冷卻 2 小時以上，直到熱度完全消退。

5 脫模

12 參考 14 頁，進行脫模。

A

B

C

D

E

柑橘＆檸檬戚風蛋糕

用水果罐頭就能輕鬆製作，非常適合當小點心。

為避免柑橘下陷，導致蛋糕體破洞，柑橘就撕成小塊加入吧！

檸檬的酸味和香氣是重要的關鍵角色。

● **材料與烘烤時間**（有顏色標示的材料和畫有底線的製作方法是和「基本」作法不同的部分）

材料	17 ㎝模型	20 ㎝模型
蛋黃麵糊		
蛋黃（L）	4 顆	6 顆
砂糖	20 g	40 g
沙拉油	30 mℓ	50 mℓ
檸檬表皮（日本國產）	1/2 顆	1 顆
柑橘（罐頭、淨重）	80 g	130 g
檸檬汁	30 mℓ	60 mℓ
低筋麵粉	80 g	130 g
蛋白霜		
蛋白（L）	4 顆	6 顆
砂糖	50 g	90 g
烘烤時間（160 度）	35 分鐘	45 分鐘

[準備]

1 檸檬充分清洗乾淨，只把表皮（表面的黃色部分）削成細屑（A）。

2 柑橘把湯汁瀝乾，測量重量，撕成小塊後，淋上檸檬汁。

3 烤箱預熱至 160 度。

● **製作方法**

1 製作蛋黃麵糊

1 把蛋黃和砂糖放進調理盆，用打蛋器確實打發，直到整體呈現泛白。

2 加入沙拉油充分攪拌。<u>加入準備 1 的檸檬皮攪拌。</u>

3 <u>加入準備 2 的柑橘和檸檬汁攪拌（B）。</u>

4 用篩網把低筋麵粉篩進調理盆，用打蛋器確實攪拌（C）。蛋黃麵糊完成。

＊加入柑橘類材料後，麵糊會感覺有點鬆散，這是正常現象，不需要太過在意。

2 製作蛋白霜

5 用手持攪拌器打發蛋白，呈現蓬鬆狀態後，加入砂糖，進一步打發，製作出呈現硬挺勾角的蛋白霜。

3 把 1 和 2 材料合併

6 把蛋白霜撈進蛋黃麵糊裡面，用打蛋器畫圈攪拌。

7 趁還看得到白色部分的時候，把剩下的蛋白霜分 2 次加入，每次加入都要粗略攪拌，然後再加入下一次。

8 最後改用橡膠刮刀，攪拌至整體均勻（D）。

4 入模烘烤

9 把麵糊倒進模型裡面（E），用筷子沿著圓柱繞圈 3 ～ 4 次，排出空氣。

＊如果很難倒的話，就用橡膠刮刀把麵糊撥進模型裡面。

10 放在烤盤上，用 160 度的烤箱烘烤。

11 表面產生緊繃的薄膜後，在表面切出十字刀痕，再放回烤箱，烤至指定時間。

12 烤好之後，馬上從烤箱內取出，連同模型一起倒扣，冷卻 2 小時以上，直到熱度完全消退。

5 脫模

13 參考 14 頁，進行脫模。

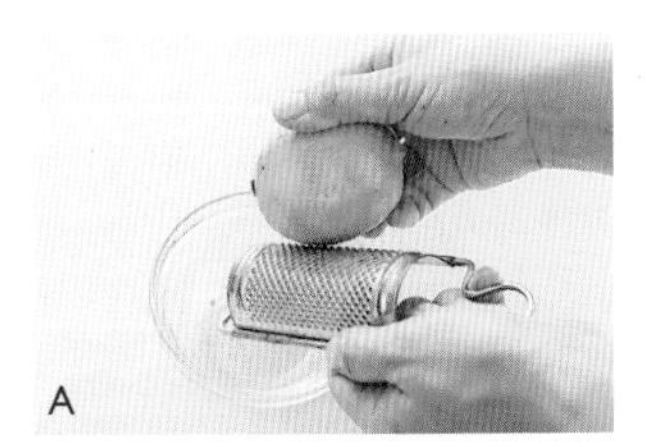
A

B

C

D

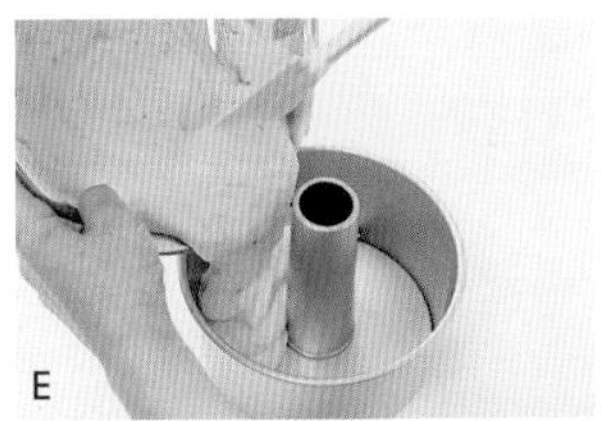
E

可可＆覆盆子戚風蛋糕

直接烤也很好吃，十分鬆軟的可可麵糊，
加上酸甜滋味的覆盆子。
從剖面探出頭的覆盆子是配色和味道的重點所在。

● **材料與烘烤時間**（有顏色標示的材料和畫有底線的製作方法是和「基本」作法不同的部分）

材料	17 ㎝模型	20 ㎝模型
蛋黃麵糊		
蛋黃（L）	4 顆	8 顆
砂糖	20 g	40 g
沙拉油	30 mℓ	60 mℓ
水	40 mℓ	80 mℓ
低筋麵粉	50 g	100 g
可可粉	20 g	40 g
蛋白霜		
蛋白（L）	4 顆	8 顆
砂糖	50 g	100 g
覆盆子（新鮮）	40 g	80 g
烘烤時間（160 度）	35 分鐘	45 分鐘

＊覆盆子使用新鮮的。如果使用冷凍的，比較容易陷進麵糊裡面，造成空洞。

[準備]

1 把低筋麵粉和可可粉混在一起，用篩網過篩。

2 烤箱預熱至 160 度。

● **製作方法**

1 製作蛋黃麵糊

1 把蛋黃和砂糖放進調理盆，用打蛋器確實打發，直到整體呈現泛白。

2 加入沙拉油充分攪拌。

3 加水攪拌。

4 把準備 1 的低筋麵粉和可可粉再次過篩，篩進調理盆（A），用打蛋器確實攪拌（B）。蛋黃麵糊完成。

2 製作蛋白霜

5 用手持攪拌器打發蛋白，呈現蓬鬆狀態後，加入砂糖，進一步打發，製作出呈現硬挺勾角的蛋白霜。

3 把 1 和 2 材料合併

6 把蛋白霜撈進蛋黃麵糊裡面，用打蛋器畫圈攪拌。

7 趁還看得到白色部分的時候，把剩下的蛋白霜分 2 次加入，每次加入都要粗略攪拌，然後再加入下一次。

8 最後改用橡膠刮刀，攪拌至整體均勻（C）。

4 入模烘烤

9 把一半份量的麵糊倒進模型，鋪上一半份量的覆盆子（D）。重複前面的步驟，最後，最上面的覆盆子要輕輕壓進麵糊裡面（E）。

10 放在烤盤上，用 160 度的烤箱烘烤。

11 表面產生緊繃的薄膜後，在表面切出十字刀痕，再放回烤箱，烤至指定時間。

12 烤好之後，馬上從烤箱內取出，連同模型一起倒扣，冷卻 2 小時以上，直到熱度完全消退。

5 脫模

13 參考 14 頁，進行脫模。

A

B

C

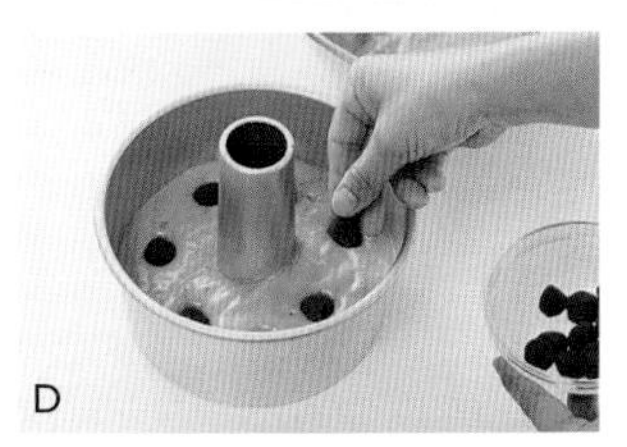
D

E

楓糖＆核桃戚風蛋糕

使用含有大量礦物質的楓糖漿和楓糖粉。
楓糖的風味和核桃的香氣相得益彰。
能享受到堅果酥脆口感的戚風蛋糕。

● **材料與烘烤時間**（有顏色標示的材料和畫有底線的製作方法是和「基本」作法不同的部分）

材料	17 ㎝模型	20 ㎝模型
蛋黃麵糊		
蛋黃（L）	3 顆	6 顆
楓糖粉	20 g	40 g
沙拉油	30 mℓ	60 mℓ
楓糖漿	50 mℓ	100 mℓ
低筋麵粉	80 g	160 g
蛋白霜		
蛋白（L）	3 顆	6 顆
楓糖粉	50 g	100 g
核桃（烘焙用）	30 g	60 g
烘烤時間（160 度）	35 分鐘	45 分鐘

＊楓糖粉（A）是由楓糖漿精製而成的砂糖。
如果沒有，也可以用三温糖或蔗糖代替。

［準備］

1 把核桃放進平底鍋，用中火翻炒 1 分鐘左右（B），稍微放涼後，切成碎粒。

2 烤箱預熱至 160 度。

● **製作方法**

1 製作蛋黃麵糊

1 把蛋黃和楓糖粉放進調理盆，用打蛋器確實打發，直到整體呈現泛白。

2 加入沙拉油充分攪拌。

3 加入楓糖漿攪拌（C）。

4 用篩網把低筋麵粉篩進調理盆，用打蛋器確實攪拌。蛋黃麵糊完成。

2 製作蛋白霜

5 用手持攪拌器打發蛋白，呈現蓬鬆狀態後，加入楓糖粉，進一步打發，製作蛋白霜。

＊加入楓糖粉之後，呈現的勾角比較柔軟（D）。

3 把 1 和 2 材料合併

6 把蛋白霜撈進蛋黃麵糊裡面，用打蛋器畫圈攪拌。

7 趁還看得到白色部分的時候，把剩下的蛋白霜分 2 次加入，每次加入都要粗略攪拌，然後再加入下一次。

8 最後改用橡膠刮刀，加入準備 1 的核桃，攪拌至整體均勻（E）。

4 入模烘烤

9 把麵糊倒進模型裡面，用筷子沿著圓柱繞圈 3 ～ 4 次，排出空氣。放在烤盤上，用 160 度的烤箱烘烤。

10 表面產生緊繃的薄膜後，在表面切出十字刀痕，再放回烤箱，烤至指定時間。

11 烤好之後，馬上從烤箱內取出，連同模型一起倒扣，冷卻 2 小時以上，直到熱度完全消退。

5 脫模

12 參考 14 頁，進行脫模。

A

B

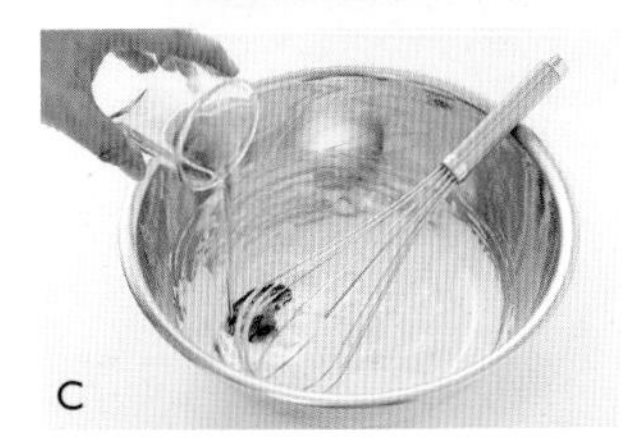
C

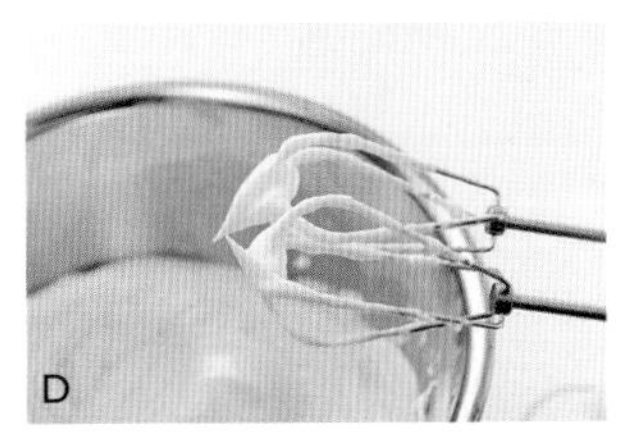
D

E

咖啡大理石戚風蛋糕

使用即溶咖啡，簡單的香料戚風蛋糕。
希望確實享受香氣，所以基底麵糊也有混拌咖啡。
烤出漂亮大理石紋路的訣竅就是麵糊不要攪拌太多。

● **材料與烘烤時間**（有顏色標示的材料和畫有底線的製作方法是和「基本」作法不同的部分）

材料	17 ㎝模型	20 ㎝模型
蛋黃麵糊		
蛋黃（L）	3 顆	6 顆
砂糖	20 g	40 g
沙拉油	30 ㎖	60 ㎖
咖啡液（麵糊用）		
即溶咖啡	1 大匙	2 大匙
熱水	40 ㎖	80 ㎖
低筋麵粉	75 g	150 g
蛋白霜		
蛋白（L）	3 顆	6 顆
砂糖	50 g	100 g
咖啡液（大理石用）		
即溶咖啡	2 小匙	1 ⅓大匙
熱水	1 小匙	2 小匙
砂糖	2 小匙	1 ⅓大匙
烘烤時間（160 度）	35 分鐘	45 分鐘

[準備]

1 製作 2 種咖啡液。麵糊用的咖啡液，把即溶咖啡和熱水攪拌在一起即可。大理石用的咖啡液，就把即溶咖啡、熱水、砂糖放進較小的調理盤攪拌混合即可（A）。

2 烤箱預熱至 160 度。

● **製作方法**

1 製作蛋黃麵糊

1 把蛋黃和砂糖放進調理盆，用打蛋器確實打發，直到整體呈現泛白。

2 加入沙拉油充分攪拌。

3 加入準備 1 的麵糊用咖啡液攪拌（B）。

4 用篩網把低筋麵粉篩進調理盆，用打蛋器確實攪拌（C）。蛋黃麵糊完成。

2 製作蛋白霜

5 用手持攪拌器打發蛋白，呈現蓬鬆狀態後，加入砂糖，進一步打發，製作出呈現硬挺勾角的蛋白霜。

3 把 1 和 2 材料合併

6 把蛋白霜撈進蛋黃麵糊裡面，用打蛋器畫圈攪拌。

7 趁還看得到白色部分的時候，把剩下的蛋白霜分 2 次加入，每次加入都要粗略攪拌，然後再加入下一次。

8 最後改用橡膠刮刀，攪拌至整體均勻。

9 把 1 湯勺份量的麵糊（20 ㎝模型則是 2 湯勺），倒進準備 1 的大理石用咖啡液裡面攪拌（D）。

10 倒回 8 的調理盆，粗略攪拌。

＊倒入之後，就會形成自然的大理石紋路，所以不需要攪拌太多。

4 入模烘烤

11 把麵糊倒進模型裡面（E），放在烤盤上，用 160 度的烤箱烘烤。

12 表面產生緊繃的薄膜後，在表面切出十字刀痕，再放回烤箱，烤至指定時間。

13 烤好之後，馬上從烤箱內取出，連同模型一起倒扣，冷卻 2 小時以上，直到熱度完全消退。

5 脫模

14 參考 14 頁，進行脫模。

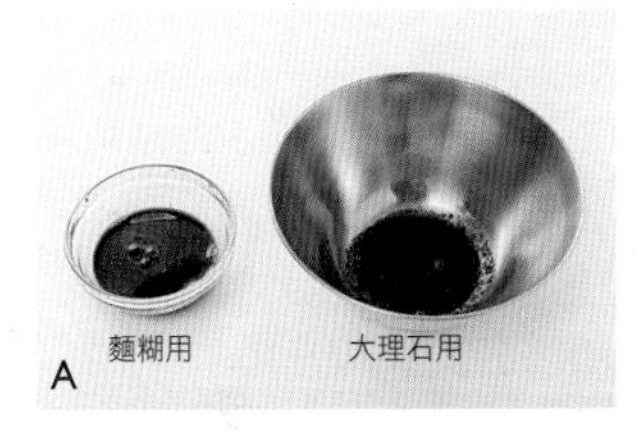

A

B

C

D

E

薄荷＆奥利奥餅乾戚風蛋糕

薄荷的清涼香氣和奧利奧餅乾形成絕配。

味道比薄荷巧克力來得清淡，清涼的風味在嘴裡擴散。

推薦給無法被傳統香料戚風蛋糕所滿足的饕客。

● **材料與烘烤時間**（有顏色標示的材料和畫有底線的製作方法是和「基本」作法不同的部分）

材料	17 ㎝模型	20 ㎝模型
蛋黃麵糊		
蛋黃（L）	3 顆	6 顆
砂糖	20 g	40 g
沙拉油	30 ㎖	60 ㎖
薄荷液		
薄荷甜露酒	50 ㎖	100 ㎖
水	15 ㎖	30 ㎖
低筋麵粉	75 g	150 g
蛋白霜		
蛋白（L）	3 顆	6 顆
砂糖	50 g	100 g
奧利奧餅乾（小）	淨重 50 g（3 小包）	淨重 100 g（6 小包）
烘烤時間（160 度）	35 分鐘	45 分鐘

[準備]

1 把薄荷甜露酒和水混在一起。

2 把奧利奧餅乾的奶油刮除（A），將 8 片（20 ㎝模型則是 10 片）的正面朝下，排放在模型裡面。剩餘部分折成對半。

3 烤箱預熱至 160 度。

● **製作方法**

1 製作蛋黃麵糊

1 把蛋黃和砂糖放進調理盆，用打蛋器確實打發，直到整體呈現泛白。

2 加入沙拉油充分攪拌。

3 加入準備 1 的薄荷液攪拌（B）。

4 用篩網把低筋麵粉篩進調理盆，用打蛋器確實攪拌。蛋黃麵糊完成。

2 製作蛋白霜

5 用手持攪拌器打發蛋白，呈現蓬鬆狀態後，加入砂糖，進一步打發，製作出呈現硬挺勾角的蛋白霜。

3 把 1 和 2 材料合併

6 把蛋白霜撈進蛋黃麵糊裡面，用打蛋器畫圈攪拌。

7 趁還看得到白色部分的時候，把剩下的蛋白霜分 2 次加入，每次加入都要粗略攪拌，然後再加入下一次。

8 最後改用橡膠刮刀，攪拌至整體均勻。

4 入模烘烤

9 一邊注意避免挪動到排放在底部的餅乾，一邊用湯匙把 1/3 份量的麵糊慢慢倒進模型裡面（C）。

10 把準備 2 剩餘餅乾的 1/3 份量輕輕壓入麵糊裡面（D）。

11 分 2 次將剩餘的麵糊倒入，每次倒入都要把餅乾壓進麵糊裡面。放在烤盤上，用 160 度的烤箱烘烤。

12 表面產生緊繃的薄膜後，在表面切出十字刀痕，再放回烤箱，烤至指定時間。

13 烤好之後，馬上從烤箱內取出，連同模型一起倒扣，冷卻 2 小時以上，直到熱度完全消退。

5 脫模

14 參考 14 頁，進行脫模。

A

B

C

D

迷彩花紋戚風蛋糕

原味麵糊加上抹茶和可可，製作出三種顏色，
想像剖面形象，分批倒入麵糊，製作出時尚的迷彩花紋。
能夠一次品嚐到多種風味，非常時尚的戚風蛋糕。

● **材料與烘烤時間**（有顏色標示的材料和畫有底線的製作方法是和「基本」作法不同的部分）

材料	17 ㎝模型	20 ㎝模型
蛋黃麵糊		
蛋黃（L）	4 顆	8 顆
砂糖	30 g	60 g
沙拉油	30 mℓ	60 mℓ
水	40 mℓ	80 mℓ
香草油	2～3 滴	3～4 滴
低筋麵粉	70 g	140 g
低筋麵粉（分色用）	5 g	10 g
抹茶	6 g	12 g
可可粉	7 g	14g
蛋白霜		
蛋白（L）	4 顆	8 顆
砂糖	60 g	120 g
烘烤時間（160 度）	35 分鐘	45 分鐘

[準備]

烤箱預熱至 160 度。

● **製作方法**

1 製作蛋黃麵糊

1 把蛋黃和砂糖放進調理盆，用打蛋器確實打發，直到整體呈現泛白。

2 加入沙拉油充分攪拌，加水攪拌。加入香草油攪拌。

3 用篩網把低筋麵粉篩進調理盆，用打蛋器確實攪拌。蛋黃麵糊完成。分別取75g 到另外 2 個調理盆裡面，全部共分成 3 盆。

4 用篩網把分色用的低筋麵粉、抹茶篩進分裝出來的調理盆裡面，可可粉則是篩進原本的調理盆裡面（A），充分攪拌，製作出三種顏色的麵糊。

＊篩網不需要清洗，只要依照低筋麵粉、抹茶、可可粉的順序過篩就可以了。

2 製作蛋白霜

5 用手持攪拌器打發蛋白，呈現蓬鬆狀態後，加入砂糖，進一步打發，製作出呈現硬挺勾角的蛋白霜。

3 把 1 和 2 材料合併

6 把蛋白霜分成 3 等分（可可麵糊用的蛋白霜要稍微多一點），分別放進步驟 4 的麵糊裡面（B），用打蛋器攪拌。最後改用橡膠刮刀，攪拌至整體均勻。

4 入模烘烤

7 用湯匙把三種顏色的麵糊分多次倒入模型內（C），重疊上不同顏色，相互點綴。放在烤盤上，用 160 度的烤箱烘烤。

＊麵糊全部倒入的狀態（D）。如果攪拌的話，就會形成大理石紋路，所以就直接以這樣的狀態烘烤。

8 表面產生緊繃的薄膜後，在表面切出十字刀痕，再放回烤箱，烤至指定時間。

9 烤好之後，馬上從烤箱內取出，連同模型一起倒扣，冷卻 2 小時以上，直到熱度完全消退。

5 脫模

10 參考 14 頁，進行脫模。

A

B

C

D

玉米粉＆奶油戚風蛋糕

用整枝玉米碾碎而成的玉米粉，製作出濃湯色澤的戚風蛋糕。

添加大量奶油，增加風味與濃郁。

因為稍微帶點鹹味，所以也非常適合當成輕食。

● **材料與烘烤時間**（有顏色標示的材料和畫有底線的製作方法是和「基本」作法不同的部分）

材料	17 ㎝模型	20 ㎝模型
蛋黃麵糊		
蛋黃（L）	4 顆	8 顆
砂糖	20 g	40 g
沙拉油	30 ㎖	60 ㎖
奶油（不使用食鹽）	40 g	80 g
鹽	1/2 小匙	1 小匙
水	40 ㎖	80 ㎖
低筋麵粉	20 g	40 g
玉米麵粉	60 g	120 g
蛋白霜		
蛋白（L）	4 顆	8 顆
砂糖	50 g	90 g
烘烤時間（160 度）	35 分鐘	45 分鐘

＊玉米麵粉 Corn Flour（A）是類似於低筋麵粉那樣的細緻粉末。
不可使用粗粒玉米粉（Cornmeal）或碎玉米（Corn Grits）。

［準備］

1 把奶油放進耐熱容器，蓋上保鮮膜，用微波爐的小火（200W）加熱 1 分鐘，使奶油融化。

＊奶油容易噴濺，所以務必覆蓋保鮮膜。

2 把低筋麵粉和玉米麵粉混在一起，用篩網過篩。

3 烤箱預熱至 160 度。

● **製作方法**

1 製作蛋黃麵糊

1 把蛋黃和砂糖放進調理盆，用打蛋器確實打發，直到整體呈現泛白。

2 加入沙拉油充分攪拌。加入準備 1 的奶油、鹽巴攪拌（B）。

3 加水攪拌。

4 把準備 2 的低筋麵粉和玉米麵粉再次過篩到調理盆裡面，用打蛋器確實攪拌（C）。蛋黃麵糊完成。

2 製作蛋白霜

5 用手持攪拌器打發蛋白，呈現蓬鬆狀態後，加入砂糖，進一步打發，製作出呈現硬挺勾角的蛋白霜。

3 把 1 和 2 材料合併

6 把蛋白霜撈進蛋黃麵糊裡面，用打蛋器畫圈攪拌。

7 趁還看得到白色部分的時候，把剩下的蛋白霜分 2 次加入，每次加入都要粗略攪拌，然後再加入下一次。

8 最後改用橡膠刮刀，攪拌至整體均勻（D）。

4 入模烘烤

9 把麵糊倒進模型裡面，用筷子沿著圓柱繞圈 5 ～ 6 次，排出空氣。放在烤盤上，用 160 度的烤箱烘烤。

10 表面產生緊繃的薄膜後，在表面切出十字刀痕，再放回烤箱，烤至指定時間。

11 烤好之後，馬上從烤箱內取出，連同模型一起倒扣，冷卻 2 小時以上，直到熱度完全消退。

5 脫模

12 參考 14 頁，進行脫模。

A

B

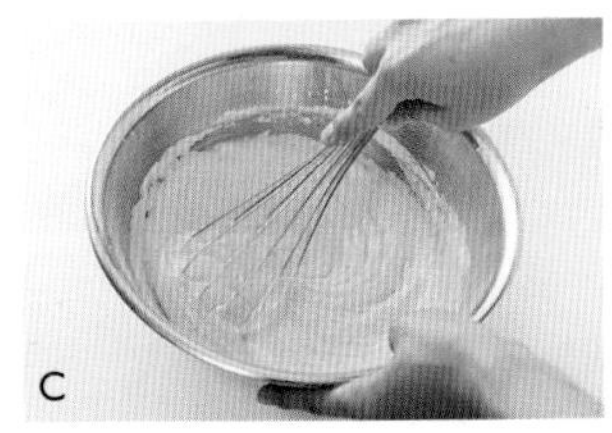
C

D

肉桂捲風味大理石戚風蛋糕

原味麵糊加上紅糖和肉桂粉製成的麵糊。
雖說直接品嚐也非常美味，不過，如果再加上最後的糖霜核桃頂飾，
就能營造出宛如肉桂捲般的鬆軟戚風蛋糕。

● **材料與烘烤時間**（有顏色標示的材料和畫有底線的製作方法是和「基本」作法不同的部分）

材料	17 ㎝模型	20 ㎝模型
蛋黃麵糊		
蛋黃（L）	3 顆	5 顆
砂糖	20 g	35 g
沙拉油	30 mℓ	50 mℓ
水	30 mℓ	50 mℓ
香草油	2 ～ 3 滴	3 ～ 4 滴
低筋麵粉	75 g	125 g
蛋白霜		
蛋白（L）	3 顆	5 顆
砂糖	50 g	80 g
肉桂糖		
紅糖	30 g	50 g
肉桂粉	2 小匙	大於 1 大匙
烘烤時間（160 度）	35 分鐘	45 分鐘
糖霜		
粉砂糖	100 g	150 g
水	2 ½ 小匙	4 小匙
核桃（烘焙用）	10 ～ 15 g	15 ～ 20 g

＊紅糖也可以用黑砂糖或蔗糖等替代。

[準備]

1 把紅糖和肉桂粉混在一起。

2 把核桃放進平底鍋，用中火翻炒 1 分鐘左右，稍微放涼後，切成碎粒。

3 烤箱預熱至 160 度。

● **製作方法**

1 製作蛋黃麵糊

1 把蛋黃和砂糖放進調理盆，用打蛋器確實打發，直到整體呈現泛白。

2 把核桃放進平底鍋，用中火翻炒 1 分鐘左右，稍微放涼後，切成碎粒。

3 用篩網把低筋麵粉篩進調理盆，用打蛋器確實攪拌。蛋黃麵糊完成。

2 製作蛋白霜

4 用手持攪拌器打發蛋白，呈現蓬鬆狀態後，加入砂糖，進一步打發，製作出呈現硬挺勾角的蛋白霜。

3 把 1 和 2 材料合併

5 把蛋白霜撈進蛋黃麵糊裡面，用打蛋器畫圈攪拌。

6 趁還看得到白色部分的時候，把剩下的蛋白霜分 2 次加入，每次加入都要粗略攪拌，然後再加入下一次。

7 最後改用橡膠刮刀，攪拌至整體均勻。

8 把 100g（20 ㎝模型則是 150g）的麵糊用另一個調理盆裝起來，加入準備 1 的肉桂糖攪拌（A）。

4 入模烘烤

9 把 8 的麵糊倒進 7 的調理盆內粗略攪拌，倒進模型裡面（B）。放在烤盤上，用 160 度的烤箱烘烤。

10 表面產生緊繃的薄膜後，在表面切出十字刀痕，再放回烤箱，烤至指定時間。

11 烤好之後，馬上從烤箱內取出，連同模型一起倒扣，冷卻 2 小時以上，直到熱度完全消退。

5 脫模

12 參考 14 頁，進行脫模。

6 裝飾

13 製作糖霜。把水倒進糖粉裡面，用打蛋器攪拌。如果覺得太稠，就逐次添加水量，如果太稀，就逐次添加糖粉（份量外），製作出適當的稠度。

14 用湯匙把糖霜澆淋在蛋糕上面（C），裝飾上準備 2 的核桃。放置 1 小時左右，讓糖霜凝固。

A

B

C

CHAPTER 5

戚風蛋糕捲

用戚風蛋糕的麵糊製作十分受歡迎的蛋糕捲。
同時也會介紹各種不同的風味創意。

CHIFFON ROLL

基本的戚風蛋糕捲（原味戚風蛋糕捲）

用原味戚風蛋糕的蛋糕體，把發泡鮮奶油捲起來。
鮮奶油確實融合的時候，就是享用的絕佳時刻。

基本的戚風蛋糕捲做法

製作方法和「基本的戚風蛋糕」相同，只是麵糊配方的水量比較多一點。
首先，先學習原味蛋糕體的烤法和捲法吧！

● 材料與烘烤時間

材料（28×28 ㎝的烤盤）	
蛋黃麵糊	
蛋黃（L）	4 顆
砂糖	20 g
沙拉油	30 mℓ
水	60 mℓ
香草油	2～3 滴
低筋麵粉	80 g
蛋白霜	
蛋白（L）	4 顆
砂糖	50 g
烘烤時間（160 度）	20 分鐘
發泡鮮奶油	
鮮奶油（乳脂肪 45%以上）	200 mℓ
砂糖	30 g

● 製作流程

1 製作麵糊

↓

2 烤麵糊，冷卻

↓

3 製作鮮奶油

↓

4 塗抹鮮奶油，捲起來

關於烤盤

本書使用的是 28×28 ㎝的蛋糕捲用烤盤。也可以使用烤箱隨附的烤盤，只要尺寸大致相同就可以。

HOW TO MAKE

基本的製作方法

鬆軟的戚風蛋糕和發泡鮮奶油是完美絕配。
戚風蛋糕的麵糊比一般蛋糕捲的麵糊更濕潤，
所以就算是初學者，也能夠輕鬆捲出與鮮奶油完美融合的漂亮蛋糕捲。
因為攜帶方便，所以也非常推薦當成手作小禮。

[準備] 烤箱預熱至 160 度。

準備 把烘焙紙鋪在烤盤上

讓烘焙紙緊密貼附在烤盤上面。
關鍵就是疊上一張圖畫紙，讓蛋糕捲的表面更加平整。

1 在烤盤上面塗抹沙拉油（份量外），鋪上剪成 33 ㎝方形的烘焙紙。角落部分剪出斜角，讓烘焙紙重疊，以便緊密貼附於側面。

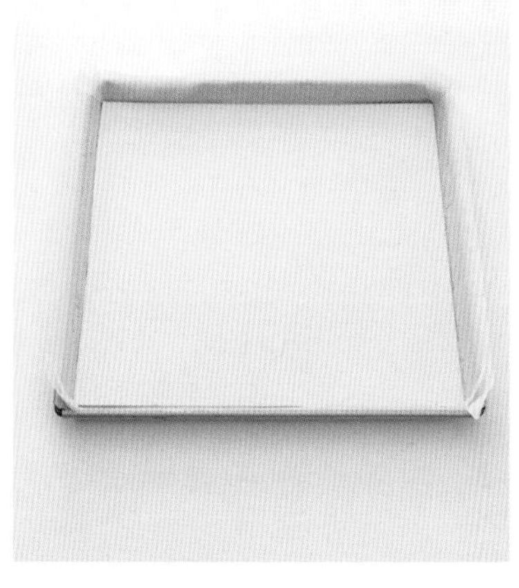

2 鋪上依照底部剪裁的圖畫紙（27 ㎝方形左右）。

＊如果以底部作為表面的話，只要疊上圖畫紙（厚款），就能烘烤出沒有皺褶的平整表面。若是要展現烤色，就不需要鋪圖畫紙（84、88、92、96 頁）。

1 製作麵糊

依照與「基本戚風蛋糕」相同的做法製作麵糊，再將麵糊倒入烤盤。

1 參考 10 ～ 13 頁製作麵糊，將麵糊倒進烤盤。

2 烤麵糊，冷卻

出爐後，跟戚風蛋糕一樣，翻面，然後冷卻。
疊上砧板，再連同砧板一起翻面，然後放在涼架上面吧！

2 用刮板或橡膠刮刀快速抹平表面。

＊如果抹平的動作太多，可能會產生孔洞，要多加注意。

1 用 160 度的烤箱烤 20 分鐘。出爐後，馬上在表面鋪上新的烘焙紙。

＊若希望展現烤色（84、88、92、96 頁），就直接冷卻。

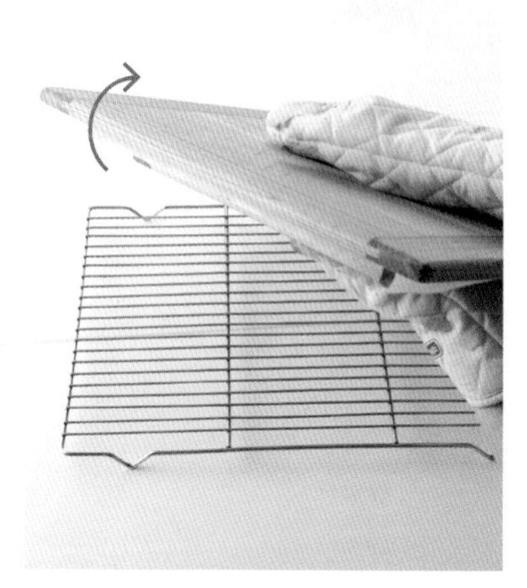

2 疊上砧板，連同砧板一起翻面，然後放在涼架（網）上面。馬上拿掉烤盤，冷卻 30 ～ 40 分鐘，直到熱度完全消退為止。

＊為避免蛋糕體悶蒸，砧板要馬上拿掉。

3 製作鮮奶油

鮮奶油務必接觸冰水，一邊冷卻打發。
開始產生稠度之後，就會慢慢起泡，要注意避免打發過度。

1 把鮮奶油和砂糖放進底部接觸冰水的調理盆，用手持攪拌器的低速～中速打發。

＊產生稠度後，換成打蛋器，一邊觀察狀態，一邊進行打發。

2 只會在打蛋器上面短暫停留，然後就持續滴落的狀態是六分發。尖端呈彎勾下垂的狀態是七分發。

3 包覆著打蛋器，幾乎不會掉落的是八分發。再進一步攪拌數次，呈現堅挺勾角狀，就是九分發。如果攪拌過度，就會產生油水分離，所以要多加注意。

＊使用前，先用保鮮膜蓋起來，放進冰箱冷藏備用。

4 塗抹鮮奶油，捲起來

為避免鮮奶油溢出，末端要採用薄塗。
捲好後，緊密包覆，放進冷藏加以冷卻，便可大功告成。

1 從邊緣把 79 頁的烘焙紙（鋪在烤盤上的底紙）撕開。圖畫紙同樣也要撕開。

＊放置時間如果超過 1 小時，吸收了水分的圖畫紙就會產生皺摺，所以冷卻後就要馬上撕掉。如果不馬上塗抹鮮奶油，就先用保鮮膜包起來。

2 把新的烘焙紙剪成 50 ㎝長，橫放在桌面。把 1 的蛋糕體翻面放在新的烘焙紙上面，將上面的烘焙紙撕掉。用蛋糕刀削掉表面的烤色。

＊之所以削掉烤色，是為了成品的美觀。就算省略這個步驟也 OK。

3 用抹刀抹上打發至八～九分發（參考 79 頁）的鮮奶油。前端厚塗，末端則要薄塗。

4 從前方折出較小的彎折，把該部分當成軸心，拉起烘焙紙，將蛋糕體往內捲起來，一邊注意避免太過鬆散，一邊將蛋糕體往內捲。

5 調整形狀，讓末端朝下。把筷子放在烘焙紙的上面，用筷子抵住蛋糕體末端，拉扯下方的烘焙紙，讓蛋糕捲更加緊縮。

6 拿掉筷子，將烘焙紙的兩端扭緊。進一步用保鮮膜包起來，放進冰箱冷藏 2 小時以上。

戚風蛋糕捲 Q & A

Q.1 完美切割的訣竅？

A. 把麵包刀或蛋糕刀放進熱水裡面，溫熱之後，擦掉水分。
刀子往前後方向輕輕挪動，在避免擠壓蛋糕的狀態下，將蛋糕捲切開。

＊每切一次就擦掉鮮奶油，就能完美切割。

Q.2 請告訴我保存期限和保存方法！

A. 用保鮮膜包起來，放進冰箱冷藏。
因為水分比較多，所以要在 2 ～ 3 天之內吃完。
冷凍的話，以 2 星期為標準。吃的時候，就放進冷藏室解凍吧！

整個保存

可以用 80 頁的步驟 6 狀態進行保存。冷藏的話，可以直接用這樣的狀態保存，但如果是冷凍的話，為避免沾染氣味，要進一步放進塑膠袋裡面。

切割後保存

用蛋糕透明膜夾起來，再放進密封容器裡面。用來招待賓客的時候，建議採用這種保存方式。

用保鮮膜包覆切塊，再放進保存袋。

水果捲

用原味戚風蛋糕把水果捲起來，視覺、味覺都顯得華麗。
這裡選擇鮮艷的水果組合，不過，單種水果也同樣美味。
以下介紹撒上糖粉的簡單裝飾法，以及鮮奶油裝飾法 2 種。

● 材料

材料	簡單（照片右）	鮮奶油（照片左）
基本的戚風蛋糕	1 片	1 片
鮮奶油（乳脂肪 45％以上）	200 mℓ	400 mℓ
砂糖	30 g	60 g
草莓（中～小顆）	10 ～ 12 顆	12 ～ 14 顆
奇異果	1 顆	1 顆
杏桃（罐頭）	3 ～ 4 塊	3 ～ 4 塊

＊大顆草莓比較不容易捲，所以要縱切成對半。

[準備]

1 烘烤基本的戚風蛋糕（參考 77 ～ 79 頁）備用。

2 草莓清洗後，去除蒂頭，奇異果削除果皮，切成 6 等分的梳形切。杏桃用廚房紙巾擦乾水分，切成對半。

＊採用鮮奶油裝飾的時候，還需要另外準備草莓碎粒（2 ～ 3 顆）、4.5×50 ㎝的慕斯硬圍邊（蛋糕用透明薄膜），或是剪裁成 5×30 ㎝的乾淨厚紙、透明膜等材料。

● 製作方法（步驟 2 之前的動作是相同的）

1 製作發泡鮮奶油

1 把鮮奶油 200 mℓ和砂糖 30g 放進調理盆，底部接觸冰水，打發至八～九分發（參考 79 頁）。

2 抹上鮮奶油，排放水果，捲起

2 參考 80 頁，把鮮奶油抹在蛋糕體上面，從前方開始依照草莓、奇異果、杏桃的順序，把水果排成 3 排（A、B）。

3 把最前方的草莓捲起來作為軸心（C），拉起烘焙紙，將蛋糕體往內捲（D）。將烘焙紙的兩端扭緊，進一步用保鮮膜包起來，放進冰箱冷藏 2 小時以上（E）。

＊若是簡單裝飾法的話，這樣就算完成了。吃的時候，再依個人喜好撒上糖粉（分量外）。

3 裝飾

4 把剩餘的鮮奶油 200 mℓ和砂糖 30g 放進調理盆，底部接觸冰水，打發至七分發（參考 79 頁）。

5 把步驟 3 的保鮮膜和烘焙紙拿掉，末端朝下放置。把步驟 4 的發泡鮮奶油倒在上面（F），用橡膠刮刀或抹刀塗抹整體（G）。

6 把慕斯硬圍邊彎折成拱形，覆蓋在步驟 5 的鮮奶油上面，一邊注意避免變形，一邊將硬圍邊往前方拉，抹平表面（H）。

＊反覆動作會讓表面變粗糙，所以只需要做 1 ～ 2 次即可。如果一直弄不好的話，也可以改用橡膠刮刀等道具，用手動的方式抹平。

7 放進冰箱冷藏 2 小時以上，裝飾上預先切好的草莓碎粒。

A

E

B

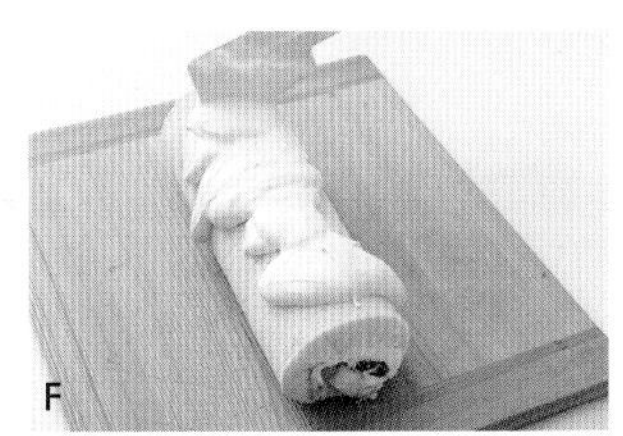

F

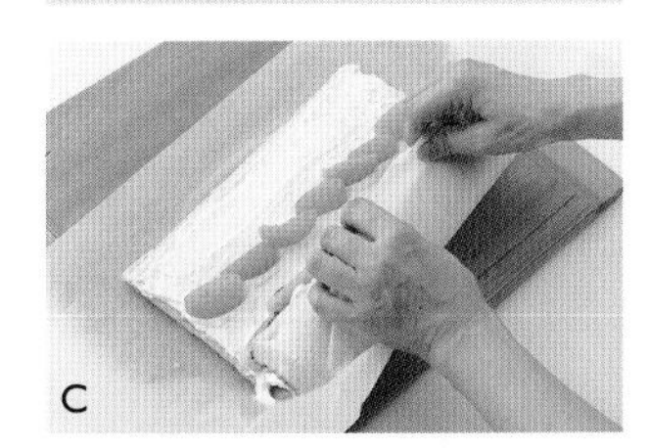

C

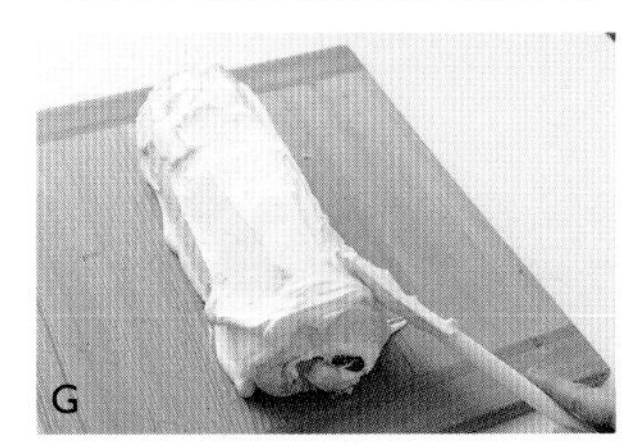

G

D

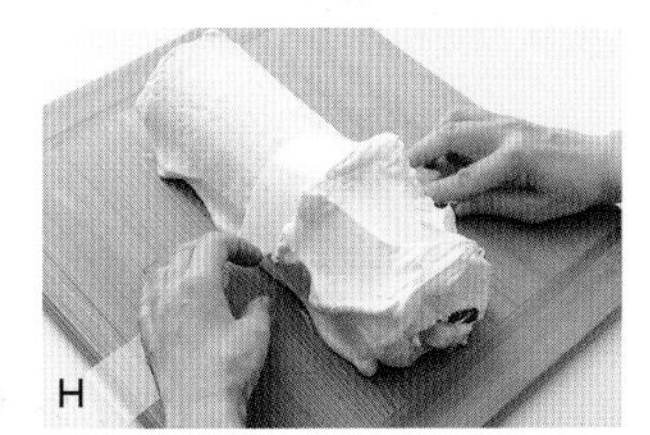

H

銅鑼燒風味的戚風蛋糕捲

用添加了蜂蜜的蛋糕體，把紅豆鮮奶油捲起來，
製作成日式風味的蛋糕捲。
除了日本茶之外，也很適合搭配咖啡。

● **材料與烘烤時間**（有顏色標示的材料和畫有底線的製作方法是和「基本」作法不同的部分）

材料（28×28 ㎝的烤盤）	
蛋黃麵糊	
蛋黃（L）	4 顆
蜂蜜	30 mℓ
沙拉油	30 mℓ
牛乳	50 mℓ
低筋麵粉	60 g
蛋白霜	
蛋白（L）	4 顆
砂糖	60 g
烘烤時間（160 度）	20 分鐘
紅豆鮮奶油	
鮮奶油（乳脂肪 45%以上）	200 mℓ
水煮紅豆（罐頭）	200 g

＊因為使用蜂蜜，所以未滿 1 歲的乳幼兒不能食用。

[準備]

1 把沙拉油（份量外）抹在烤盤上面，鋪上烘焙紙。

2 烤箱預熱至 160 度。

● **製作方法**

1 製作麵糊

1 製作蛋黃麵糊。把蛋黃和蜂蜜放進調理盆，用打蛋器打發。

2 沙拉油、牛乳，每加入 1 種材料就要攪拌一次（A）。

3 用篩網把低筋麵粉篩進調理盆，用打蛋器攪拌。蛋黃麵糊完成。

4 製作蛋白霜。用手持攪拌器打發蛋白，呈現蓬鬆狀態後，加入砂糖，進一步打發，製作出呈現硬挺勾角的蛋白霜。

5 分 3 次把蛋白霜撈進蛋黃麵糊裡面，每次加入蛋白霜，都要粗略攪拌，然後再加入下一次。最後改用橡膠刮刀，攪拌至整體均勻。

2 烤麵糊，冷卻

6 把麵糊倒進烤盤，抹平（B），用 160 度的烤箱烤 20 分鐘。馬上把露出烤盤的烘焙紙往外拉，將側面剝開（C），放回烤盤，直接放至完全冷卻。

＊剝開側面，可以預防產生收縮的皺褶。因為要保留烤色，所以不翻面，直接冷卻。

3 製作紅豆鮮奶油

7 把鮮奶油放進調理盆，打至八分發（參考 79 頁），加入水煮紅豆攪拌（D）。

4 塗抹鮮奶油，捲起來

8 把 6 的烤色面朝下，放在全新烘焙紙的上面，撕掉鋪底的烘焙紙。

9 把 7 的鮮奶油抹開，像捲紙那樣，將蛋糕體往內捲起來（E）。

10 將烘焙紙的兩端扭緊，進一步用保鮮膜包起來，放進冰箱冷藏 2 小時以上。

A

B

C

D

E

抹茶＆和栗戚風蛋糕捲

宛如和菓子般，有著纖細味道的蛋糕捲。

使用大量和栗醬的鮮奶油和抹茶的香氣十分速配。

也推薦發泡鮮奶油和開心果醬的組合搭配。

● **材料與烘烤時間**（有顏色標示的材料和畫有底線的製作方法是和「基本」作法不同的部分）

材料（28×28 ㎝的烤盤）
蛋黃麵糊
蛋黃（L） 4 顆
砂糖 20 g
沙拉油 30 ㎖
水 60 ㎖
低筋麵粉 60 g
抹茶 10 g
蛋白霜
蛋白（L） 4 顆
砂糖 50 g
烘烤時間（160 度） 20 分鐘
和栗奶油醬
和栗醬 75 g
砂糖 30 g
鮮奶油（乳脂肪 45%以上） 200 ㎖

[準備]

1 把沙拉油（份量外）抹在烤盤上面，鋪上烘焙紙。鋪上依照底部剪裁的圖畫紙。

2 烤箱預熱至 160 度。

抹茶＆開心果戚風蛋糕捲

換一種醬，製作方法和抹茶＆和栗戚風蛋糕捲相同。濃醇的堅果風味，和抹茶戚風蛋糕格外契合。

開心果奶油醬
開心果醬（無糖） 75 g
砂糖 45 g
鮮奶油（乳脂肪 45%以上） 200 ㎖

＊開心果醬（D）也有含糖的種類。若使用含糖的種類，砂糖的用量就改成 30g。

● **製作方法**

1 製作麵糊

1 製作蛋黃麵糊。把蛋黃和砂糖放進調理盆，用打蛋器打發。

2 依序加入沙拉油、水，每加入 1 種材料就要攪拌一次。

3 把低筋麵粉和抹茶混在一起，用篩網篩進調理盆，用打蛋器確實攪拌。蛋黃麵糊完成。

4 製作蛋白霜。用手持攪拌器打發蛋白，呈現蓬鬆狀態後，加入砂糖，進一步打發，製作出呈現硬挺勾角的蛋白霜。

5 分 3 次把蛋白霜撈進蛋黃麵糊裡面，每次加入蛋白霜，都要粗略攪拌，然後再加入下一次。最後改用橡膠刮刀，攪拌至整體均勻。

2 烤麵糊，冷卻

6 把麵糊倒進烤盤，抹平（A），用 160 度的烤箱烤20 分鐘。翻面，把烤盤拿起來，完全冷卻。

3 製作和栗奶油醬

7 把和栗醬和砂糖放進調理盆，加入 1/4 份量的鮮奶油，用打蛋器攪拌（B）。

8 把剩餘的鮮奶油放進其他的調理盆，打發至七分發（參考 79 頁）。分 2～3 次倒進 7 裡面，攪拌。

4 塗抹鮮奶油，捲起來

9 把 6 的烘焙紙撕開，翻面，放在全新烘焙紙的上面，抹上 8 的奶油醬。

10 像捲紙那樣，把蛋糕體往內捲起來（C）。

11 將烘焙紙的兩端扭緊，進一步用保鮮膜包起來，放進冰箱冷藏 2 小時以上。

A

B

C

D

黑＆白戚風蛋糕捲

蛋糕體用大量的黑可可烘烤成黑色。

微苦的蛋糕，捲上添加了煉乳的奶香鮮奶油。

黑 × 白對比格外有趣的戚風蛋糕。

● **材料與烘烤時間**（有顏色標示的材料和畫有底線的製作方法是和「基本」作法不同的部分）

材料（28×28 ㎝的烤盤）
蛋黃麵糊
蛋黃（L） 5顆
砂糖 20g
沙拉油 30㎖
水 60㎖
低筋麵粉 50g
黑可可粉 20g
蛋白霜
蛋白（L） 5顆
砂糖 50g
烘烤時間（160度） 20分鐘
煉乳鮮奶油
鮮奶油（乳脂肪45%以上） 300㎖
加糖煉乳 120g

[準備]

1 把低筋麵粉和可可粉混在一起，用篩網過篩。

2 把沙拉油（份量外）抹在烤盤上面，鋪上烘焙紙。

3 烤箱預熱至160度。

● **製作方法**

1 製作麵糊

1 製作蛋黃麵糊。把蛋黃和砂糖放進調理盆，用打蛋器打發。

2 依序加入沙拉油、水，每加入1種材料就要攪拌一次。

3 把準備1的低筋麵粉和可可粉再次過篩，篩進調理盆（A），用打蛋器確實攪拌。蛋黃麵糊完成。

4 製作蛋白霜。用手持攪拌器打發蛋白，呈現蓬鬆狀態後，加入砂糖，進一步打發，製作出呈現硬挺勾角的蛋白霜。

5 分3次把蛋白霜撈進蛋黃麵糊裡面，每次加入蛋白霜，都要粗略攪拌，然後再加入下一次。最後改用橡膠刮刀，攪拌至整體均勻。

2 烤麵糊，冷卻

6 把麵糊倒進烤盤，抹平（B），用160度的烤箱烤20分鐘。馬上把露出烤盤的烘焙紙往外拉，將側面剝開，放回烤盤，直接放至完全冷卻。

＊剝開側面，可以預防產生收縮的皺褶。因為要保留烤色，所以不翻面，直接冷卻。

3 製作煉乳鮮奶油

7 把鮮奶油和加糖煉乳放進底部接觸冰水的調理盆（C），打至八分發（參考79頁）。

4 塗抹鮮奶油，捲起來

8 把6的烤色面朝下，放在全新烘焙紙的上面，撕掉鋪底的烘焙紙。

9 抹上7的鮮奶油，前面1/3左右的部位刻意抹上高高隆起的大量奶油（D）。

10 像捲紙那樣，把高高隆起的奶油包覆起來，然後再往內捲（E）。

11 將烘焙紙的兩端扭緊，進一步用保鮮膜包起來，放進冰箱冷藏2小時以上。

A

B

C

D

E

甘納許＆可可戚風蛋糕捲

巧克力愛好者無法抗拒的雙重巧克力捲。

蛋糕體使用可可，簡單烘烤製成。

聖誕木柴蛋糕般的裝飾也十分美麗。

● **材料與烘烤時間**（有顏色標示的材料和畫有底線的製作方法是和「基本」作法不同的部分）

材料（28×28 ㎝的烤盤）	
蛋黃麵糊	
蛋黃（L）	4 顆
砂糖	20 g
沙拉油	30 mℓ
水	60 mℓ
低筋麵粉	50 g
可可粉	20 g
蛋白霜	
蛋白（L）	4 顆
砂糖	50 g
烘烤時間（160 度）	20 分鐘
甘納許奶油醬	
鮮奶油（乳脂肪 45%以上）	400 mℓ
甜味黑巧克力	160 g

[準備]

1 將低筋麵粉和可可粉混在一起，用篩網過篩。

2 把甜味巧克力切碎。

3 把沙拉油（份量外）抹在烤盤上面，鋪上烘焙紙。

4 烤箱預熱至 160 度。

● **製作方法**

1 製作麵糊

1 製作蛋黃麵糊。把蛋黃和砂糖放進調理盆，用打蛋器打發。

2 依序加入沙拉油、水，每加入 1 種材料就要攪拌一次。

3 把準備 1 的低筋麵粉和可可粉再次過篩，篩進調理盆，用打蛋器確實攪拌。蛋黃麵糊完成。

4 製作蛋白霜。用手持攪拌器打發蛋白，呈現蓬鬆狀態後，加入砂糖，進一步打發，製作出呈現硬挺勾角的蛋白霜。

5 分 3 次把蛋白霜撈進蛋黃麵糊裡面，每次加入蛋白霜，都要粗略攪拌，然後再加入下一次。最後改用橡膠刮刀，攪拌至整體均勻。

2 烤麵糊，冷卻

6 把麵糊倒進烤盤，抹平（A），用 170 度的烤箱烤20 分鐘。翻面，把烤盤拿起來，完全冷卻。

3 製作甘納許奶油醬

7 把一半份量的鮮奶油放進小鍋，加熱至即將沸騰的程度。加入準備 2 的巧克力（B），直接放置 1 分鐘，用橡膠刮刀充分攪拌，溶化後，倒進調理盆。

8 加入剩餘的鮮奶油，讓調理盆的底部接觸冰水，打發至七分發（參考 79 頁）（C）。

4 塗抹鮮奶油，捲起來

9 把 6 的烘焙紙撕開，翻面，放在全新烘焙紙的上面，抹上一半分量的 8 的奶油醬。

10 像捲紙那樣，把蛋糕體往內捲起來（D）。末端朝下，確實收緊，拆下烘焙紙。

11 將剩餘的奶油醬塗抹在 10 的表面（E），放進冰箱冷藏 1 小時以上。

A

B

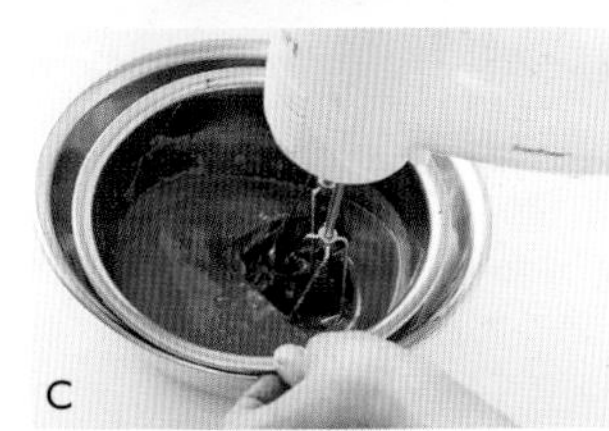
C

D

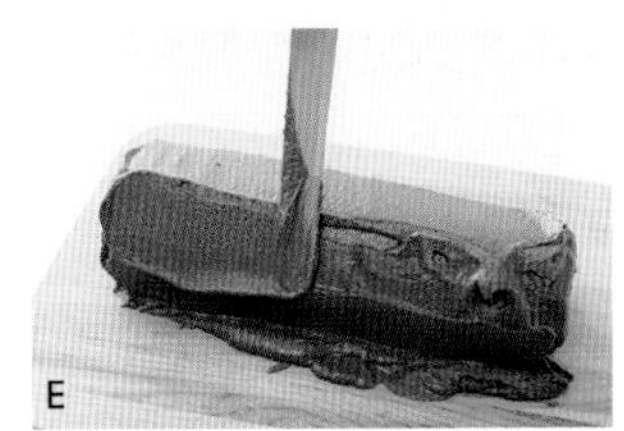
E

可爾必思奶油＆黃金桃戚風蛋糕捲

添加了可爾必思的酸甜奶油醬，和水果相當速配。

只要有隨時可用的罐頭，任何季節都能製作出美味水果蛋糕捲。

基本的戚風蛋糕加上蜂蜜，讓烤色更添光澤。

● **材料與烘烤時間**（有顏色標示的材料和畫有底線的製作方法是和「基本」作法不同的部分）

材料（28×28 ㎝的烤盤）	
蛋黃麵糊	
蛋黃（L）	4 顆
蜂蜜	30 mℓ
沙拉油	30 mℓ
水	50 mℓ
低筋麵粉	60 g
蛋白霜	
蛋白（L）	4 顆
砂糖	60 g
烘烤時間（160 度）	20 分鐘
黃桃（罐頭）	淨重 200 g
檸檬汁	15 mℓ
可爾必思奶油醬	
可爾必思（原液）	100 mℓ
玉米澱粉	1 ½ 大匙
鮮奶油（乳脂肪 45%以上）	150 mℓ

[準備]

1 把沙拉油（份量外）抹在烤盤上面，鋪上烘焙紙。

2 烤箱預熱至 160 度。

＊也可以使用芒果、白桃、洋梨等罐頭水果。
＊因為使用蜂蜜，所以未滿 1 歲的乳幼兒不能食用。

● **製作方法**

1 製作麵糊

1 製作蛋黃麵糊。把蛋黃和蜂蜜放進調理盆，用打蛋器打發。

2 依序加入沙拉油、水，每加入 1 種材料就要攪拌一次。

3 用篩網把低筋麵粉篩進調理盆，用打蛋器攪拌。蛋黃麵糊完成。

4 製作蛋白霜。用手持攪拌器打發蛋白，呈現蓬鬆狀態後，加入砂糖，進一步打發，製作出呈現硬挺勾角的蛋白霜。

5 分 3 次把蛋白霜撈進蛋黃麵糊裡面，每次加入蛋白霜，都要粗略攪拌，然後再加入下一次。最後改用橡膠刮刀，攪拌至整體均勻。

2 烤麵糊，冷卻

6 把麵糊倒進烤盤，抹平，用 160 度的烤箱烤 20 分鐘。馬上把露出烤盤的烘焙紙往外拉，將側面剝開（A），放回烤盤，直接放至完全冷卻。

＊剝開側面，可以預防產生收縮的皺褶。因為要保留烤色，所以不翻面，直接冷卻。

3 製作煉乳鮮奶油

7 把黃金桃切成 1 ㎝寬，淋上檸檬汁，靜置 5 分鐘後，將湯汁擦乾。

8 把可爾必思和玉米澱粉放進小鍋攪拌，開小火加熱，持續攪拌，煮熟（B）。產生稠度後，關火，倒進調理盆，冷卻。

9 把鮮奶油放進另一個調理盆，打至七分發（參考 79 頁），逐次倒進 8 裡面，打至八～九分發。

4 塗抹鮮奶油，捲起來

10 把 6 的烤色面朝下，放在全新烘焙紙的上面，撕掉鋪底的烘焙紙（C）。

11 抹上 9 的奶油醬，從前方開始，將 7 的黃金桃排成 3 列（等距）。

12 像捲紙那樣，把蛋糕體往內捲（D）。

13 將烘焙紙的兩端扭緊，進一步用保鮮膜包起來，放進冰箱冷藏 2 小時以上。

A

B

C

D

巧克力香蕉戚風蛋糕捲

在煉乳奶油醬裡面添加巧克力，再連同香蕉一起捲起來。
切成細碎的牛奶巧克力，享受清脆的顆粒口感。
不光是小孩，就連男性也十分喜愛的蛋糕捲。

● **材料與烘烤時間**（有顏色標示的材料和畫有底線的製作方法是和「基本」作法不同的部分）

材料（28×28 ㎝的烤盤）
蛋黃麵糊
蛋黃（L）　4 顆
砂糖　20 g
沙拉油　30 ㎖
水　60 ㎖
香草油　2～3 滴
低筋麵粉　80 g
蛋白霜
蛋白（L）　4 顆
砂糖　50 g
烘烤時間（160 度）　20 分鐘
煉乳奶油醬
鮮奶油（乳脂肪 45%以上）　200 ㎖
砂糖　20 g
加糖煉乳　30 g
香草油　2～3 滴
牛奶巧克力　20～30 g
香蕉　2 條

[準備]

1 將牛奶巧克力切成細碎。

2 把沙拉油（份量外）抹在烤盤上面，鋪上烘焙紙。鋪上依照底部剪裁的圖畫紙。

3 烤箱預熱至 160 度。

● **製作方法**

1 製作麵糊

1 製作蛋黃麵糊。把蛋黃和砂糖放進調理盆，用打蛋器打發。

2 依序加入沙拉油、水、香草油，每加入 1 種材料就要攪拌一次。

3 用篩網把低筋麵粉篩進調理盆，用打蛋器攪拌。蛋黃麵糊完成。

4 製作蛋白霜。用手持攪拌器打發蛋白，呈現蓬鬆狀態後，加入砂糖，進一步打發，製作出呈現硬挺勾角的蛋白霜。

5 分 3 次把蛋白霜撈進蛋黃麵糊裡面，每次加入蛋白霜，都要粗略攪拌，然後再加入下一次。最後改用橡膠刮刀，攪拌至整體均勻。

2 烤麵糊，冷卻

6 把麵糊倒進烤盤，抹平，用 160 度的烤箱烤 20 分鐘。翻面，把烤盤拿起來，完全冷卻。

3 製作甘納許奶油醬

7 把鮮奶油和砂糖放進調理盆，打發至七分發（參考 79 頁），加入加糖煉乳、香草油（A），打發至八分發。加入準備 1 的牛奶巧克力攪拌。

4 塗抹鮮奶油，捲起來

8 把 6 的烘焙紙撕開，翻面，放在全新烘焙紙的上面，抹上 7 的奶油醬，前面約 1/3 的部位要刻意隆起，多抹一點（B）。

9 把香蕉放在奶油醬隆起的部位（C）。

＊香蕉彎曲的部分就用手掰斷，將其扳直。

10 像捲紙那樣，包覆香蕉，將蛋糕體往內捲起來（D）。

11 將烘焙紙的兩端扭緊，進一步用保鮮膜包起來，放進冰箱冷藏 2 小時以上。

＊香蕉容易變色，所以等要吃的時候再切開。

A

B

C

D

葡萄乾夾心咖啡戚風蛋糕捲

在微苦的咖啡麵糊裡面加點蜂蜜，烤出褐色焦香。
搭配鮮奶油的奶油糖霜，有著入口即化的輕盈口感。
用萊姆葡萄乾營造出成熟風味的蛋糕捲。

● **材料與烘烤時間**（有顏色標示的材料和畫有底線的製作方法是和「基本」作法不同的部分）

材料（28×28 ㎝的烤盤）	
蛋黃麵糊	
蛋黃（L）	4顆
蜂蜜	30 ㎖
沙拉油	30 ㎖
咖啡液	
即溶咖啡	1大匙
熱水	50 ㎖
低筋麵粉	50 g
蛋白霜	
蛋白（L）	4顆
砂糖	60 g
烘烤時間（160度）	20分鐘
蘭姆葡萄乾	
葡萄乾	40～50 g
蘭姆酒	100 ㎖
奶油糖霜	
奶油（不使用食鹽）	50 g
砂糖	20 g
鮮奶油（乳脂肪45%以上）	150 ㎖

[準備]

1 製作蘭姆葡萄乾。
把水放進小鍋，開火加熱，沸騰後，加入葡萄乾，用中火烹煮30秒，用濾網撈起來。放進保存袋，加入蘭姆酒，浸漬2小時以上（A）。

2 把即溶咖啡和熱水混在一起。

3 奶油恢復至室温，軟化。

4 把沙拉油（份量外）抹在烤盤上面，鋪上烘焙紙。

5 烤箱預熱至160度。

＊蘭姆葡萄乾也可以使用市售品。就算不添加，也可以製作。
＊因為使用蜂蜜，所以未滿1歲的乳幼兒不能食用。

● **製作方法**

1 製作麵糊

1 製作蛋黃麵糊。把蛋黃和蜂蜜放進調理盆，用打蛋器打發。

2 依序加入沙拉油、準備2的咖啡液，每加入1種材料就要攪拌一次。

3 用篩網把低筋麵粉篩進調理盆，用打蛋器攪拌。蛋黃麵糊完成。

4 製作蛋白霜。用手持攪拌器打發蛋白，呈現蓬鬆狀態後，加入砂糖，進一步打發，製作出呈現硬挺勾角的蛋白霜。

5 分3次把蛋白霜撈進蛋黃麵糊裡面，每次加入蛋白霜，都要粗略攪拌，然後再加入下一次。最後改用橡膠刮刀，攪拌至整體均勻。

2 烤麵糊，冷卻

6 把麵糊倒進烤盤，抹平（B），用160度的烤箱烤20分鐘。馬上把露出烤盤的烘焙紙往外拉，將側面剝開，放回烤盤，直接放至完全冷卻。

＊因為要保留烤色，所以不翻面，直接冷卻。

3 製作奶油糖霜

7 把奶油和砂糖放進調理盆，用打蛋器攪拌，直到呈現泛白。

8 逐次添加鮮奶油（C），每次加入都要稍微攪拌，再加入下一次。

＊容易油水分離，所以要注意避免攪拌過多。

4 塗抹鮮奶油，捲起來

9 把6的烤色面朝下，放在全新烘焙紙的上面，撕掉鋪底的烘焙紙。

10 抹上8的奶油糖霜，從前方開始，將準備1瀝乾湯汁的蘭姆葡萄乾排成3列（等距）。

11 像捲紙那樣，把蛋糕體往內捲（D）。

12 將烘焙紙的兩端扭緊，進一步用保鮮膜包起來，放進冰箱冷藏2小時以上。

＊在準備吃之前，稍微恢復成室温，奶油糖霜就能呈現出原本的風味。

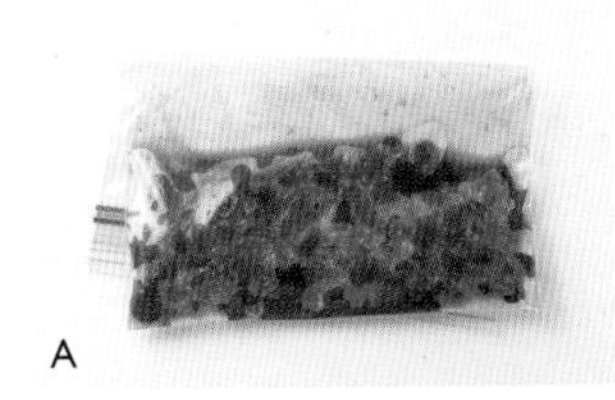
A

B

C

D

雙重莓果＆起司戚風蛋糕捲

為了烤出淡粉紅色的蛋糕體，刻意將蛋黃的用量減半。
在戚風蛋糕麵糊裡混入覆盆子泥、起司奶油醬混入草莓泥，
製作出酸甜起司蛋糕風味的蛋糕捲。

● **材料與烘烤時間**（有顏色標示的材料和畫有底線的製作方法是和「基本」作法不同的部分）

材料（28×28 ㎝的烤盤）
蛋黃麵糊
蛋黃（L） 2 顆
砂糖 20 g
沙拉油 30 ㎖
覆盆子泥（冷凍）（或草莓泥） 65 g
檸檬汁 1 小匙
低筋麵粉 80 g
蛋白霜
蛋白（L） 4 顆
砂糖 50 g
烘烤時間（160 度） 20 分鐘
起司奶油醬
奶油起司 80 g
鮮奶油（乳脂肪 45%以上） 100 ㎖
砂糖 30 g
草莓泥（冷凍）（或覆盆子泥） 50 g

[準備]

1 將覆盆子泥和草莓泥自然解凍，把麵糊用的覆盆子泥和檸檬汁攪拌在一起。

＊如果麵糊使用草莓泥的話，就混入 1 匙食用色素攪拌。

2 把沙拉油（份量外）抹在烤盤上面，鋪上烘焙紙。鋪上依照底部剪裁的圖畫紙。

3 烤箱預熱至 160 度。

＊草莓泥烘烤之後，顏色會變淡，所以應用於麵糊的話，要添加食用色素（紅）。

＊多餘的蛋黃可以製作成卡士達醬（參考 44 頁）。

● **製作方法**

1 製作麵糊

1 製作蛋黃麵糊。把蛋黃和砂糖放進調理盆，用打蛋器打發。

2 依序加入沙拉油、準備 1 的覆盆子泥和檸檬汁，每加入 1 種材料就要攪拌一次（A）。

3 用篩網把低筋麵粉篩進調理盆，用打蛋器確實攪拌。蛋黃麵糊完成。

4 製作蛋白霜。用手持攪拌器打發蛋白，呈現蓬鬆狀態後，加入砂糖，進一步打發，製作出呈現硬挺勾角的蛋白霜。

5 分 3 次把蛋白霜撈進蛋黃麵糊裡面，每次加入蛋白霜，都要粗略攪拌，然後再加入下一次（B）。最後改用橡膠刮刀，攪拌至整體均勻。

2 烤麵糊，冷卻

6 把麵糊倒進烤盤，抹平（C），用 160 度的烤箱烤20 分鐘。翻面，把烤盤拿起來，完全冷卻。

3 製作起司奶油醬

7 用保鮮膜把奶油起司包起來，用微波爐的小火（200W）加熱 1～2 分鐘，使奶油起司軟化。放進調理盆，用打蛋器攪拌，加入草莓泥攪拌（D）。

8 把鮮奶油和砂糖放進另一個調理盆，打發至七分發（參考 79 頁），倒進 7 裡面攪拌。

4 塗抹鮮奶油，捲起來

9 把 6 的烘焙紙撕開，翻面，放在全新烘焙紙的上面，抹上 8 的奶油醬（E）。

10 像捲紙那樣，將蛋糕體往內捲。

11 將烘焙紙的兩端扭緊，進一步用保鮮膜包起來，放進冰箱冷藏 2 小時以上。依個人喜好，撒上草莓粉。

A

B

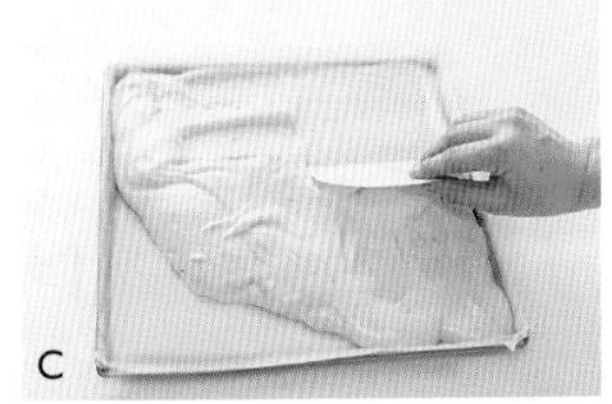
C

D

E

馬斯卡彭起司的大理石戚風蛋糕捲

用可可、原味的大理石麵糊，

把帶有奶香奢華風味的馬斯卡彭起司奶油醬捲起來。

香甜與微苦形成絕妙平衡，視覺上也格外別緻。

● **材料與烘烤時間**（有顏色標示的材料和畫有底線的製作方法是和「基本」作法不同的部分）

材料（28×28 ㎝的烤盤）

蛋黃麵糊
- 蛋黃（L） 5 顆
- 砂糖 30 g
- 沙拉油 30 mℓ
- 水 50 mℓ
- 低筋麵粉 80 g
- 可可粉 10 g

蛋白霜
- 蛋白（L） 5 顆
- 砂糖 60 g

烘烤時間（160 度） 20 分鐘

馬斯卡彭起司奶油醬
- 馬斯卡彭起司 200 g
- 鮮奶油（乳脂肪 45%以上） 200 mℓ
- 砂糖 60 g
- 香草油 1～2 滴

[準備]

1 把沙拉油（份量外）抹在烤盤上面，鋪上烘焙紙。鋪上依照底部剪裁的圖畫紙。

2 馬斯卡彭起司在室溫下放置 30 分鐘。

3 烤箱預熱至 160 度。

● **製作方法**

1 製作麵糊

1 製作蛋黃麵糊。把蛋黃和砂糖放進調理盆，用打蛋器打發。

2 依序加入沙拉油、水攪拌。

3 用篩網把低筋麵粉篩進調理盆，用打蛋器攪拌。蛋黃麵糊完成。把麵糊裡面的 140g 用另一個調理盆裝起來，篩進可可粉攪拌（A）。

4 製作蛋白霜。用手持攪拌器打發蛋白，呈現蓬鬆狀態後，加入砂糖，進一步打發，製作出呈現硬挺勾角的蛋白霜。

5 把蛋白霜分成 2 等分（可可麵糊用的蛋白霜份量要多一點），分 3 次撈進 3 的蛋黃麵糊裡面，每次加入蛋白霜，都要粗略攪拌，然後再加入下一次（B）。最後改用橡膠刮刀，攪拌至整體均勻。

2 烤麵糊，冷卻

6 從原味麵糊的調理盆邊緣倒入可可麵糊，用橡膠刮刀大幅度地攪拌。倒進烤盤，抹平（C），用 160 度的烤箱烤 20 分鐘。翻面，把烤盤拿起來，完全冷卻。

＊倒入之後，就會形成自然的大理石紋路，所以不要攪拌太多。

3 製作馬斯卡彭起司奶油醬

7 把馬斯卡彭起司放進調理盆，用打蛋器拌勻，加入砂糖，搓磨攪拌，加入香草油攪拌。

8 把鮮奶油放進另一個調理盆，打發至八分發（參考 79 頁），倒進 7 裡面攪拌（D），放進冰箱冷藏備用。

4 塗抹鮮奶油，捲起來

9 把 6 的烘焙紙撕開，翻面，放在全新烘焙紙的上面，抹上 8 的奶油醬，前方 1/3 的部位刻意厚塗，宛如讓奶油醬隆起似的（E），像捲紙那樣，將蛋糕體往內捲。

10 將烘焙紙的兩端扭緊，進一步用保鮮膜包起來，放進冰箱冷藏 2 小時以上。

A

B

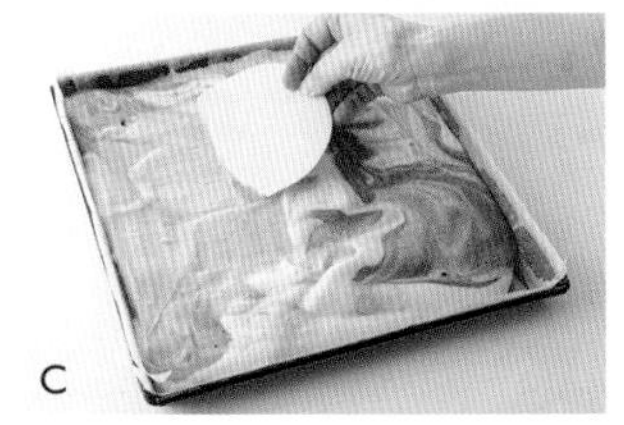
C

D

E

蒙布朗風味戚風蛋糕捲

把糖煮栗子撒在蒙布朗風味的奶油醬裡面增添風味，

將 2 片薄烤的蛋糕體重疊起來，捲成螺旋狀。

如果只用 1 片的話，就可以製作成細條蛋糕捲。

● 材料與烘烤時間（有顏色標示的材料和畫有底線的製作方法是和「基本」作法不同的部分）

材料（28×28 ㎝的烤盤）	1 片（照片右）	2 片（照片左）
蛋黃麵糊		
蛋黃（L）	3 顆	6 顆
砂糖	20 g	40 g
沙拉油	30 ㎖	60 ㎖
水	35 ㎖	70 ㎖
香草油	1 ～ 2 滴	3 ～ 4 滴
低筋麵粉	50 g	100 g
蛋白霜		
蛋白（L）	3 顆	6 顆
砂糖	35 g	70 g
烘烤時間（160 度）	20 分鐘	20 分鐘
蒙布朗奶油醬		
栗子膏（罐頭）	100 g	200 g
萊姆酒	1/2 大匙	1 大匙
鮮奶油（乳脂肪 45%以上）	100 ㎖	200 ㎖
栗子（糖煮）	6 顆	12 顆

＊栗子膏（A）的水分比栗子奶油少，口感較硬，栗子風味濃醇。
＊糖漬栗子或甜栗都可以。就算沒有添加也 OK。

[準備]

1 把沙拉油（份量外）抹在烤盤上面，鋪上烘焙紙。鋪上依照底部剪裁的圖畫紙。
＊使用 2 片蛋糕體的情況，就準備 2 個烤盤，同時烘烤。
如果沒有，就用 1 片的份量製作麵糊，然後分 2 次烘烤。

2 栗子用廚房紙巾擦乾湯汁，預先切成碎粒。

3 烤箱預熱至 160 度。

● 製作方法

1 製作麵糊

1 製作蛋黃麵糊。把蛋黃和砂糖放進調理盆，用打蛋器打發。

2 依序加入沙拉油、水、香草油攪拌，每加入 1 種材料都要攪拌一下，再加入下一種材料。

3 用篩網把低筋麵粉篩進調理盆，用打蛋器攪拌。蛋黃麵糊完成。

4 製作蛋白霜。用手持攪拌器打發蛋白，呈現蓬鬆狀態後，加入砂糖，進一步打發，製作出呈現硬挺勾角的蛋白霜。

5 分 3 次把蛋白霜撈進蛋黃麵糊裡面，每次加入蛋白霜，都要粗略攪拌，然後再加入下一次。最後改用橡膠刮刀，攪拌至整體均勻。

2 烤麵糊，冷卻

6 把麵糊倒進烤盤，抹平（若是 2 片烤盤的情況，就是各一半份量），用 160 度的烤箱烤 20 分鐘（B）。翻面，把烤盤拿起來，完全冷卻。

3 製作蒙布朗奶油醬

7 把栗子膏放進調理盆，用木鏟拌勻，加入萊姆酒攪拌。逐次加入一半份量的鮮奶油，一邊攪拌、稀釋（C）。

8 把剩餘的鮮奶油放進另一個調理盆，打發至八分發（參考 79 頁），倒進 7 裡面攪拌。

4 塗抹鮮奶油，捲起來

9 把 6 的烘焙紙撕開，翻面，放在全新烘焙紙的上面。抹上 8 的奶油醬，把栗子碎粒撒在整體（若是 2 片蛋糕體，則是各一半份量），像捲紙那樣，將蛋糕體往內捲（D）。
＊若是 2 片的情況，就把另 1 片放在新的烘焙紙上面，抹上剩餘的鮮奶油，將 9 的末端對齊前面的邊，然後往內捲（E）。

10 將烘焙紙的兩端扭緊，進一步用保鮮膜包起來，放進冰箱冷藏 2 小時以上。依個人喜好，撒上可可粉。

A

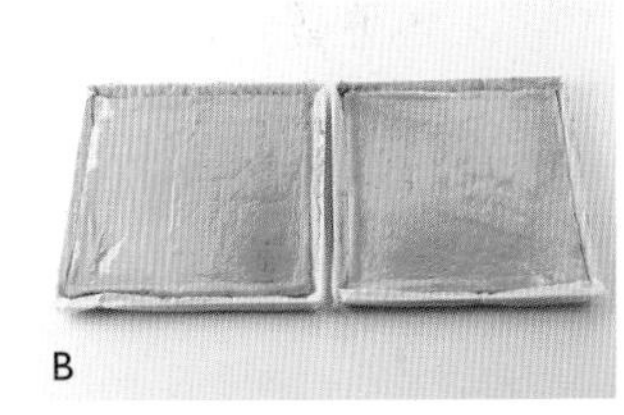
B

C

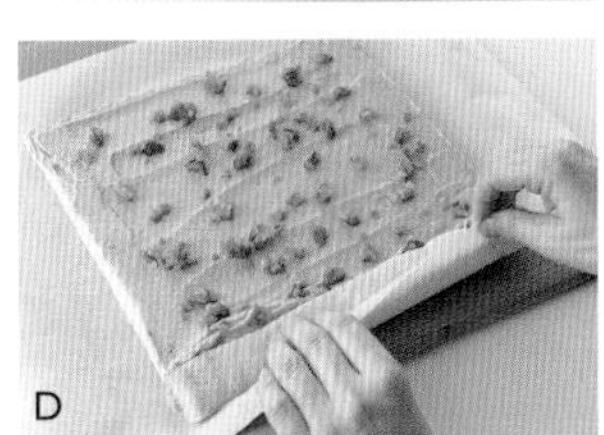
D

E

Cake on Web　http://www.kaori-sweets.com
Instagram　@kaori_ishibashi_cake

PROFILE

石橋香（ISHIBASHI KAORI）

甜點研究家。每天都在構思可以在家裡自製，盡可能簡單、美味、安全且有趣的甜點或設計食譜。對新穎食材有著敏銳的觀察力，總能發現全新組合搭配，創造出更多符合時代的甜點創意。另外，擁有針灸師執照，在維持飲食與甜點協調的同時，對於美容與健康方面也十分用心。著有《感動的美味　零糖質　起司蛋糕&戚風蛋糕》（KADOKAWA）、《大人的起司蛋糕和起司甜點》、《烘焙起司蛋糕&非烘焙起司蛋糕》（以上皆為主婦之友社）

TITLE

戚風蛋糕與蛋糕捲的變化食譜

STAFF

出版	三悅文化圖書事業有限公司
作者	石橋香
譯者	羅淑慧
總編輯	郭湘齡
責任編輯	張聿雯
文字編輯	徐承義
美術編輯	許菩真
排版	曾兆珩
製版	明宏彩色照相製版有限公司
印刷	桂林彩色印刷股份有限公司
法律顧問	立勤國際法律事務所　黃沛聲律師
戶名	瑞昇文化事業股份有限公司
劃撥帳號	19598343
地址	新北市中和區景平路464巷2弄1-4號
電話	(02)2945-3191
傳真	(02)2945-3190
網址	www.rising-books.com.tw
Mail	deepblue@rising-books.com.tw
初版日期	2023年2月
定價	360元

ORIGINAL JAPANESE EDITION STAFF

ブックデザイン	後藤美奈子
撮影	千葉 充
スタイリング	河野亜紀、三谷亜利咲、道広哲子
調理アシスタン	鈴木あずさ、高嶋 恵、前田恵里、荻沢智代
企画・編集	吉居瑞子
校正	荒川照実
編集担当	東明高史（主婦の友社）

國家圖書館出版品預行編目資料

戚風蛋糕與蛋糕捲的變化食譜/石橋香作；羅淑慧譯. -- 初版. -- 新北市：三悅文化圖書事業有限公司, 2023.02
104面；18.2X25.7 公分
譯自：卵黄・卵白を使い切る！シフォンケーキ＆シフォンロール　決定版
ISBN 978-626-95514-9-1(平裝)

1.CST: 點心食譜

427.16　　111022505